国家职业技能鉴定考试指导

焊工

（初级）

第2版

主　编　汤日光　乔　虎
副主编　姜欢欢　高玉芬
编　者　汤日明　章子芳　王绍智　李　俊
　　　　王有庆　于圣洋　谷青海　刘乂铭
主　审　蒋春永

中国劳动社会保障出版社

图书在版编目(CIP)数据

焊工：初级/人力资源和社会保障部教材办公室组织编写. —2 版. —北京：中国劳动社会保障出版社，2014

国家职业技能鉴定考试指导

ISBN 978-7-5167-1114-9

Ⅰ.①焊…　Ⅱ.①人…　Ⅲ.①焊接-职业技能-鉴定-自学参考资料　Ⅳ.①TG4

中国版本图书馆 CIP 数据核字(2014)第 119871 号

中国劳动社会保障出版社出版发行

（北京市惠新东街1号　邮政编码：100029）

*

北京市艺辉印刷有限公司印刷装订　新华书店经销

787毫米×1092毫米　16开本　14.5印张　280千字

2014年6月第2版　2019年12月第5次印刷

定价：32.00元

读者服务部电话：（010）64929211/84209101/64921644

营销中心电话：（010）64962347

出版社网址：http://www.class.com.cn

编写说明

《国家职业技能鉴定考试指导》（以下简称《鉴定指导》）是《国家职业资格培训教程》（以下简称《教程》）的配套辅助教材，每本《教程》对应配套编写一册《考试指导》。《考试指导》共包括三部分：

第一部分：理论知识鉴定指导。此部分内容按照《教程》章的顺序，对照《教程》各章内容编写。每章包括四项内容：考核要点、重点复习提示、辅导练习题、参考答案。

——考核要点是依据国家职业标准、结合《教程》内容归纳出的考核要点，以表格形式叙述。

——重点复习提示为《教程》各章内容的重点提炼，使读者在全面了解《教程》内容基础上重点掌握核心内容，达到更好地把握考核要点的目的。

——辅导练习题题型采用两种客观性命题方式，即判断题和单选题，题目内容、题目数量严格依据理论知识考核要点，并结合《教程》内容设置。

——参考答案中，除答案外对题目还配有简要说明，重点解读出题思路、答题要点等易出错的地方，目的是完成解题的同时使读者能够对学过的内容重新进行梳理。

第二部分：操作技能鉴定指导。此部分内容包括两项内容：考核要点、辅导练习题。

——考核要点是依据国家职业技能标准、结合《教程》内容归纳出的该职业在该级别总体操作技能考核要点，以表格形式叙述。

——辅导练习题题型按职业实际情况安排了实际操作题，并给出了答案。

第三部分：模拟试卷。包括该级别理论知识考试模拟试卷、操作技能考核模拟试卷若干套，并附有参考答案。理论知识考试模拟试卷体现了本职业该级别大部分理论知识考核要点的内容，操作技能考核模拟试卷完全涵盖了操作技能考核范围，体现了操作技能考核要点的内容。

本职业《考试指导》共包括5本，即基础知识、初级、中级、高级、技师和高级技师。本书是其中的一本，适用于对初级焊工的职业技能培训和鉴定考核。

本书在编写过程中得到了中石化胜利油建工程有限公司等单位的大力支持与协助，在此一并表示衷心的感谢。

编写《考试指导》有相当的难度，是一项探索性工作。由于时间仓促，缺乏经验，不足之处在所难免，恳切欢迎各使用单位和个人提出宝贵意见和建议。

目　　录

第1部分　理论知识鉴定指导

第 2 部分　操作技能鉴定指导

第3部分　模拟试卷

第1部分　理论知识鉴定指导

第1章　焊前准备

考核要点

理论知识考核范围	考核要点	重要程度
焊接常用工具、夹具及其安全检查	1. 焊接常用工具、夹具及辅具的种类	★
	2. 焊接常用工具、夹具及辅具的作用	★★★
	3. 焊接常用工具、夹具及辅具的性能特点	★★
	4. 焊接场地安全检查的必要性及内容	★★★
	5. 常用工具、夹具、辅具的安全检查的内容	★★★
试件坡口清理、组对及定位焊	1. 坡口及坡口尺寸	★★★
	2. 试件清理的目的和方法	★★★
	3. 角向磨光机的维护与保养	★★
	4. 组对和定位焊的作用和要求	★★★
	5. 板、管子的定位焊操作技能	★★★

注：其中“重要程度”中，“★”为重要程度级别最低，“★★★”为重要程度级别最高。

重点复习提示

一、焊接常用工具、夹具及辅具的种类、作用及性能特点

1. 焊接常用工具主要包括焊接电缆、橡皮胶管、打磨工具及防护类用品。二次回路的焊接电缆，截面积可根据焊机额定焊接电流进行选择；橡皮胶管是用于气焊、气割、各种气体保护焊、等离子弧焊、氩弧焊等时的气体管道，气焊、气割用的乙炔管为红色，氧气管为黑色；角向磨光机是用来修磨坡口、焊道、清除缺陷和清理焊根等的电动（或风动）工具，角向磨光机所用的砂轮片分为磨光片和切割片两种；直径有100 mm、125 mm、180 mm和

250 mm 等多种规格；面罩上装的滤光玻璃是用以遮蔽焊接有害光线的黑色玻璃，可用于焊接或切割防护；其颜色应根据焊接电流大小、焊工年龄和视力情况来确定。

2. 焊条电弧焊常用的装配夹具包括夹（压）紧工具、拉紧工具和撑具。夹（压）紧工具用来紧固装配零件；拉紧工具是用于将所装配零件的边缘拉到规定的尺寸；撑具是扩大或撑紧装配件用的一种工具。

二、焊接场地安全检查的必要性及内容

1. 为了防范由焊接场地不符合安全要求而引起的安全事故，必须对焊接场地进行安全检查。

2. 检查内容包括场地有无通道、工作面积的大小、干燥度及工作面的照度；场地及周围的易燃易爆物；室内作业的通风是否良好。

三、常用工具、夹具、辅具的安全检查的内容

1. 焊接电缆主要检查电缆两端和焊机及电焊钳是否连接牢固可靠，电缆的绝缘胶皮是否完好；橡皮胶管主要检查两端和气表及焊枪是否连接牢固可靠，是否有漏气的地方及老化严重的地方。

2. 角向磨光机主要检查有没有漏电现象，砂轮片是否已经紧固牢固，是否有裂纹、破损，电缆线和插头不得有损坏，砂轮防护罩应完好牢固；管道直磨机主要检查砂轮是否有碎片和裂缝，靠背垫是否有撕裂或过度磨损。

四、坡口尺寸及符号

1. 选择坡口形式应考虑下列因素：焊接方法；焊缝填充金属尽量少；避免焊接缺陷的产生；能减小残余焊接变形和应力；有利于焊接防护；焊工操作方便。

2. 坡口尺寸及符号包括坡口角度（α）、坡口面角度（β）、根部间隙（b）、钝边（p）、根部半径（R）、坡口深度（H）。

五、试件清理的目的和方法

1. 常用试件清理方法包括机械清理和化学清理。机械清理就是用钢丝刷、砂纸、锉刀及角向磨光机清除焊件坡口表面及两侧 20 mm 内的油污、铁锈、水分、氧化皮（氧化物）及其他有害杂质；化学清理就是用酸性或碱性清洗剂、有机溶剂及专用清洗剂清除焊件坡口表面及两侧 20 mm 内的油污及其他有害脏物。

2. 使用角向磨光机清理时，先打开开关，通电运行几分钟，检查角向磨光机转动是否

灵活。使用时尽可能使砂轮的旋转平面与焊件表面成 15°～30°，且不能用力过大。

六、组对和定位焊的作用和要求

1. 定位焊的作用是装配和固定焊接接头的位置。

2. 定位焊的要求应与正式焊缝焊接完全一样；焊接电流应比正式焊接时高 10%～15%；定位焊的尺寸：一般板厚小于 3 mm 时，长度 5～10 mm，间距 20～100 mm，板厚大于 4 mm 时，长度 30～50 mm，间距 300 mm；焊缝厚度要低于板厚，不能在焊缝交叉处和方向急剧变化处进行定位焊，应离开上述位置 50 mm 左右距离，方可进行。

七、板、管子的定位焊操作技能

1. 板的定位焊的焊缝位置应在试件坡口两端处，始焊端可少焊些，终焊端应多焊些，且终焊端预留间隙应比始焊端大 1～2 mm，板厚为 12 mm 的试件定位焊时预留反变形 3°左右。

2. 小口径管道可定位焊一处或两处，定位焊缝一般不允许定位在管径截面相当于“时钟 6 点”的位置。

辅导练习题

一、判断题（下列判断正确的请在括号中打“√”，错误的请在括号内打“×”）

1. 二次回路的焊接电缆，随焊接电流的增大和电缆长度的增加，其截面积减小。（　　）

2. 按照新的国家标准，乙炔管为红色。（　　）

3. 角向磨光机主要是用来打磨小直径管道内侧坡口的电动工具。（　　）

4. 滤光玻璃是用以遮蔽焊接有害光线的黑色玻璃。（　　）

5. 工作服上衣要束在裤腰里，口袋应盖好，纽扣应扣好。（　　）

6. 气焊眼镜是无色平光的，它是清渣和焊件打磨时佩戴的，以防止熔渣及铁屑损伤眼睛。（　　）

7. 焊工工作服一般用合成纤维织物制成。（　　）

8. 焊工最常用的工作服是深色工作服，因为深色易吸收弧光。（　　）

9. 面罩是防止焊接时的飞溅、弧光及其他辐射对焊工面部及颈部损伤的一种遮蔽工具。（　　）

10. 焊接操作前，应检查面罩和护目玻璃是否遮挡严密，有无漏光的现象。（　　）

11. 夹紧工具是扩大或撑紧装配件用的一种工具。（　）

12. 焊接场地应符合安全要求，否则会造成火灾、爆炸、触电事故。（　）

13. 焊件的坡口能起到调节母材金属与填充金属比例的作用。（　）

14. 坡口是根据设计或工艺需要，在焊件的待焊部位加工并装配成的一定几何形状的沟槽。（　）

15. 试件清理是清除坡口表面的油污、铁锈、水分、氧化皮（氧化物）及其他有害杂质。（　）

16. 搬动角向磨光机时应手持机体或手柄，不能提拉电缆线。（　）

17. 角向磨光机应置于干燥、清洁、无腐蚀性气体的环境中，机壳不能接触有害溶剂。（　）

18. 角向磨光机每年至少进行一次全面检查。（　）

19. 在工件组对前，应按要求对坡口及其两侧一定范围内的母材进行清理。（　）

20. 定位焊的作用就是装配和固定焊接接头的位置。（　）

21. 为防止开裂，应尽量避免强行组装后进行定位焊，且采用碱性低氢型焊条定位焊。（　）

22. 定位焊的焊缝位置应在试件坡口两端处，始焊端可多焊些，终焊端应少焊些。（　）

23. 定位焊缝一般不允许定位在管径截面相当于“时钟6点”的位置。（　）

二、单项选择题（下列每题有4个选项，其中只有1个是正确的，请将其代号填写在横线空白处）

1. 二次回路的焊接电缆长度以________m为宜。

A. 5～15　　B. 10～20

C. 20～30　　D. 30～40

2. 二次回路的焊接电缆长度为30 m；焊接电流为300 A，则电缆的截面积应为________mm^2。

A. 35　　B. 50

C. 60　　D. 85

3. 按照新的国家标准，氧气管为________色。

A. 黑　　B. 红

C. 蓝　　D. 绿

4. 选择焊条电弧焊的焊接电缆应根据弧焊电源的________。

A. 初级电流　　B. 额定焊接电流

C. 短路电流　　D. 焊接电流

5. 焊接电缆采用多股细________线电缆。

A. 铁　　B. 铜

C. 铝　　D. 铁或铜

6. 小直径管道内侧坡口常选用________来清理。

A. 锉刀　　B. 钢丝刷

C. 角向磨光机　　D. 管道直磨机

7. 角向磨光机所用的砂轮片分为磨光片和切割片两种；直径规格为________。

A. 100 mm　　B. 125 mm

C. 180 mm 和 250 mm　　D. 以上都对

8. 电焊时，如焊接电流为 80～200 A，则滤光玻璃色号为________。

A. 5～7　　B. 6～8

C. 8～10　　D. 11～12

9. 用于紧固装配零件的是________。

A. 夹紧工具　　B. 压紧工具

C. 拉紧工具　　D. 撑具

10. 扩大或撑紧装配件用的是________。

A. 夹紧工具　　B. 吸紧工具

C. 拉紧工具　　D. 撑具

11. 将所装配的零件的边缘拉到规定的尺寸应用________。

A. 夹紧工具　　B. 吸紧工具

C. 拉紧工具　　D. 撑具

12. 焊接场地应保持必要的通道，且车辆通道宽度不小于________ m。

A. 1　　B. 2

C. 3　　D. 5

13. 焊接场地应保持必要的通道，且人行通道宽度不小于________ m。

A. 1　　B. 1.5

C. 3　　D. 5

14. 焊接场地应有足够的作业面积，一般不小于________ m^2。

A. 2　　B. 4

C. 6　　D. 8

15. 工作场地要有良好的自然采光或局部照明，以保证工作面照度达________ lx。

A. 30～50　　B. 50～100

C. 100～150　　D. 150～200

16. 焊割场地周围________m范围内，各类可燃易爆物品应清理干净。

A. 3　　B. 5

C. 10　　D. 15

17. 管道直磨机检查和安装附件后，让自己和旁观者远离旋转附件的平面，并以电动工具最大空载速度运行________min。

A. 1　　B. 2

C. 3　　D. 5

18. 一般情况下，焊工防护鞋的橡胶鞋底，经耐电压________V耐压试验，合格（不击穿）后方能使用。

A. 220　　B. 380

C. 5 000　　D. 6 000

19. 在有积水的地面焊接切割时，焊工应穿用经过________V耐压试验合格的防水橡胶鞋。

A. 220　　B. 380

C. 5 000　　D. 6 000

20. 开坡口是为了________。

A. 根部焊透　　B. 电弧能深入焊缝根部

C. 便于清除熔渣　　D. 以上都是

21. 待加工坡口的端面与坡口面之间的夹角叫坡口面角度，用________表示。

A. α　　B. β

C. b　　D. p

22. 两坡口面之间的夹角叫坡口角度，用________表示。

A. α　　B. β

C. b　　D. p

23. 焊前在接头根部之间预留的空隙叫根部间隙，用________表示。

A. α　　B. β

C. b　　D. p

24. 焊件开坡口时，沿焊件接头坡口根部的端面直边部分叫钝边，用________表示。

A. α　　B. β

C. b　　D. p

25. 在 J 形、U 形坡口底部的圆角半径叫根部半径，用________表示。

A. α　　B. β

C. R　　D. H

26. 焊件上开坡口部分的高度叫坡口深度，用________表示。

A. α　　B. β

C. R　　D. H

27. 焊前，应清除焊件坡口表面及两侧________ mm 内的油污、铁锈、水分、氧化皮（氧化物）及其他有害杂质。

A. 10　　B. 20

C. 30　　D. 50

28. 砂轮机使用时，尽可能使砂轮的旋转平面与焊件表面成________，且不能用力过大。

A. 5°～15°　　B. 10°～20°

C. 15°～30°　　D. 25°～35°

29. 砂轮机每季度至少进行一次全面检查，并测量其绝缘电阻，其值不得小于________ MΩ。

A. 1　　B. 3

C. 5　　D. 7

30. 定位焊时容易产生未焊透缺陷，故焊接电流应比正式焊接时高________。

A. 5%～10%　　B. 10%～15%

C. 15%～20%　　D. 20%～25%

31. 在工件组对前，应按要求对________一定范围内的母材进行清理。

A. 坡口　　B. 坡口两侧

C. 坡口及其两侧　　D. 坡口根部

32. 焊接接头预留间隙的作用在于________。

A. 防止烧穿　　B. 保证焊透

C. 减少应力　　D. 提高效率

33. 在坡口中留钝边的作用在于________。

A. 防止烧穿　　B. 保证焊透

C. 减少应力　　D. 提高效率

34. 定位焊的尺寸：一般板厚小于 3 mm 时，长度________ mm，间距 20～100 mm。

A. 5～10　　B. 10～15

C. 15～20　　D. 20～25

35. 定位焊的尺寸：板厚大于 4 mm 时，长度 30～50 mm，间距________ mm。

A. 100　　B. 200

C. 300　　D. 400

36. 不能在焊缝交叉处和方向急剧变化处进行定位焊。应离开上述位置________ mm 左右距离，方可进行。

A. 10　　B. 20

C. 30　　D. 50

37. 定位焊的焊缝位置应在试件坡口两端处，且________，防止在焊接过程中收缩造成未焊端坡口间隙变窄而影响焊接。

A. 始焊端可少焊些，终焊端应多焊些

B. 始焊端可多焊些，终焊端应少焊些

C. 两端焊的一样多

D. 以上说法都不对

38. 定位焊的焊缝位置应在试件坡口两端处，且终焊端预留间隙应比始焊端大______ mm，防止在焊接过程中收缩造成未焊端坡口间隙变窄而影响焊接。

A. 0～1　　B. 1～2

C. 2～3　　D. 3～4

39. 板厚为 12 mm 的试件定位焊时预留反变形________左右。

A. 2°　　B. 3°

C. 4°　　D. 5°

40. 定位焊缝一般不允许定位在管径截面相当于“时钟________点”的位置。

A. 12　　B. 3

C. 6　　D. 9

参考答案

一、判断题

1. ×　2. √　3. ×　4. √　5. ×　6. ×　7. ×　8. ×　9. √
10. √　11. ×　12. √　13. √　14. √　15. ×　16. √　17. √　18. ×
19. √　20. √　21. ×　22. ×　23. √

二、单项选择题

1. C　2. B　3. A　4. B　5. B　6. D　7. D　8. C　9. A

10. D　11. C　12. C　13. B　14. B　15. B　16. C　17. A　18. C
19. D　20. D　21. B　22. A　23. C　24. D　25. C　26. D　27. B
28. C　29. D　30. B　31. C　32. B　33. A　34. A　35. C　36. D
37. A　38. B　39. B　40. C

第 2 章　焊条电弧焊

考 核 要 点

理论知识考核范围	考核要点	重要程度
焊条电弧焊相关知识	1. 焊条电弧焊常用工具的作用	★★★
	2. 焊条电弧焊常用工具的安全检查	★
	3. 焊接电源种类和极性	★★★
	4. 焊条电弧焊主要焊接参数及选择	★★★
	5. 焊条电弧焊安全操作规程	★★★
厚度 $\delta=8\sim12$ mm 低碳钢板或低合金钢板 T 形接头焊接和角接接头焊接	1. T 形接头和角接接头的焊接变形及产生原因	★★★
	2. 焊接参数对 T 形接头和角接接头焊条电弧焊焊缝成形的影响	★★
	3. 厚度 $\delta=8\sim12$ mm 低碳钢板或低合金钢板 T 形接头和角接接头的操作技能	★★★
	4. T 形接头和角接接头焊缝常见表面缺陷、缺陷产生的原因及防止措施	★★★
	5. T 形接头和角接接头焊缝的外观检查项目和方法	★★
	6. 使用焊接检验尺测量角焊缝	★★★
厚度大于或等于 6 mm 的低碳钢板或低合金钢板对接平焊	1. 厚度 $\delta=12$ mm 的低碳钢板或低合金钢板对接平焊的操作技能	★★★
	2. 钢板对接平焊焊缝常见表面缺陷	★★★
	3. 钢板对接平焊焊缝的外观检查项目和方法	★
管径大于或等于 60 mm 的低碳钢管水平转动对接焊	1. 管径 $\phi=108$ mm 的低碳钢管水平转动对接焊的操作技能	★★★
	2. 管水平转动对接焊焊缝常见表面缺陷	★★
	3. 管水平转动对接焊焊缝的外观检查项目和方法	★

注：其中“重要程度”中，“★”为重要程度级别最低，“★★★”为重要程度级别最高。

重点复习提示

一、焊条电弧焊常用工具的作用

1. 电焊钳是用以夹持焊条进行焊接的工具。其作用是夹持焊条和传导电流，应按照焊接电流及焊条直径大小选择适用的电焊钳。

2. 焊条保温筒是在施工现场供焊工携带的可储存少量焊条的一种保温容器。将已烘干的焊条放在保温筒内供现场使用，起到防粘泥土、防潮、防雨淋等作用。

二、焊接电源种类和极性

1. 焊条电弧焊电源既有交流电源也有直流电源。焊条电弧焊时，电源的种类根据焊条的性质进行选择。通常，酸性焊条可采用交、直流两种电源，一般优先选用交流弧焊机；碱性焊条由于电弧稳定性差，所以必须使用直流弧焊机。

2. 极性是指直流电弧焊或电弧切割时焊件的极性。焊件接电源正极称为正极性，接负极为反极性。碱性焊条通常采用反极性；酸性焊条电弧稳定，正反极性都可以，通常采用正极性。

三、焊条电弧焊主要参数及选择

1. 焊条电弧焊主要焊接参数包括电源种类和极性、焊条直径、焊接电流、焊接层数、电弧电压及焊接速度。

2. 焊条的直径是根据焊件厚度、焊接位置、接头形式、焊接层数等进行选择的；焊接电流主要由焊条直径、焊接位置和焊道层次来决定；在中、厚板焊接时，必须采用多层焊或多层多道焊，每层焊道厚度不大于 4～5 mm；焊条电弧焊时，电弧电压是由焊工根据具体情况灵活掌握的，在焊接过程中，一般希望弧长始终保持一致，而且尽可能用短弧（特别是碱性焊条）焊接，以加强保护，防止气孔等缺陷的产生，从而保证焊接质量，所谓短弧是指弧长为焊条直径的 0.5～1 倍，超过这个长度则称为长弧；焊接速度在保证焊缝所要求的尺寸和质量的前提下，由焊工根据情况灵活掌握。

四、焊条电弧焊安全操作规程

1. 安全和防护的主要内容有防止触电、弧光辐射、火灾、爆炸和有毒气体与烟尘中毒等。

2. 安全和防护要求（操作规程）。

五、T 形接头和角接接头的焊接变形及产生原因

1. T 形接头和角接接头的焊接变形主要是角变形，其角变形发生的根本原因是焊缝的横向收缩变形。

2. T 形接头和角接接头焊接变形的防止措施包括预留反变形法、尽量减小焊脚尺寸、采用刚性固定法及尽量采用小的焊接热输入。

六、厚度 $\delta=8\sim12$ mm 低碳钢板或低合金钢板 T 形接头和角接接头的操作技能

1. 焊条直径、焊接电流、焊脚尺寸及焊条角度等焊接参数的选择。

2. 定位焊的焊接电流比正常焊接的电流大 10%～15%，高度不超过板厚的 2/3，位于立板与底板相交的两侧首尾处，预留反变形（$\beta=3°\sim5°$）。

3. 打底焊采用直线形运条法短弧焊接。保持焊条与水平面成 45°夹角、与焊接方向成 60°～80°的夹角。

4. 盖面焊焊条角度基本等同于根焊，可采用锯齿形或斜圆圈形运条法。

七、T 形接头和角接接头焊缝常见表面缺陷、缺陷产生的原因及防止措施

1. 焊缝成形和尺寸不符合要求产生的原因：焊接电流过大或过小；焊接速度或运条手法不当；焊条角度不合适等。

防止措施：选择正确的焊接电流和焊接速度；掌握正确的运条方法和运条角度。

2. 咬边产生的原因：电流过大；焊接速度过快；电弧过长；焊条角度不当等。

防止措施：选择正确的焊接电流和焊接速度；电弧不能拉得过长；掌握正确运条角度。

3. 焊瘤产生的原因：平角焊时，如电流过大或焊接速度太慢、焊条角度不正确等易产生焊瘤。

防止措施：选择合适的焊接电流及焊接速度；掌握正确运条角度；注意控制熔池的形状。

4. 弧坑产生的原因：熄弧过快；焊工操作技能差；停弧或收尾时没有填满熔坑。

防止措施：提高焊工操作技能，适当摆动焊条以填满凹陷部分；在收弧处短时停留作几次环形运条。

5. 表面气孔产生的原因：坡口面及边缘不清洁，有水分、油污和锈迹；焊条未按规定进行烘焙；焊芯锈蚀或药皮变质、剥落；焊接时电弧过长等。

防止措施：选择合适的焊接电流和焊接速度；认真清理坡口边缘水分、油污和锈迹；严格按规定保管、清理和烘焙焊接材料；不使用变质的焊条，当发现焊条药皮变质、剥落或焊芯锈蚀时，应严格控制使用范围；短弧焊接。

6. 表面裂纹产生的原因：接头的刚性较大；坡口及两侧的铁锈和油污没有清理干净；低氢型焊条没有烘干及焊后冷却速度大等。

防止措施：减小接头的刚性；焊前严格清理坡口；合理选择焊条，低氢型焊条按规定烘干；焊前预热和焊后缓冷。

八、使用焊接检验尺测量角焊缝

1. 焊件错边量及焊缝余高的测量方法是主尺窄端面紧贴测量基准面（焊件表面），使活动尺尖轻触被测面，然后在主尺上读出测量值。

2. 坡口角度的测量可选择焊件接缝表面或焊件表面作为测量基准，用主尺和测角尺进行测量。测量时，将主尺大端面紧贴测量基准面，使测角尺的长端面轻触被测面，然后在主尺上读出测量值。当选择焊件表面为测量基准时，在主尺上读出的测量值即为坡口角度值；如果以接口表面为测量基准时，其坡口角度值等于 90°减去主尺读数值。

3. 角焊缝厚度及焊脚尺寸的测量方法：坡口角度的测量可选择焊件接缝表面或焊件表面作为测量基准，用主尺和测角尺进行测量。测量时，将主尺大端面紧贴测量基准面，使测角尺的长端面轻触被测面，然后在主尺上读出测量值；当选择焊件表面为测量基准时，在主尺上读出的测量值即为坡口角度值；如果以接口表面为测量基准时，其坡口角度值等于 90°减去主尺读数值。

九、厚度 $\delta=12$ mm 的低碳钢板或低合金钢板对接平焊的操作技能

1. 焊条直径、焊接电流、焊脚尺寸及焊条角度等焊接参数的选择。

2. 试件组对间隙：始焊端 3 mm，终焊端 4 mm；预留反变形：3°～4°；错边量：≤1 mm；钝边：1～1.5 mm。

3. 打底焊焊条与焊接前进方向的夹角为 40°～50°，可采用连弧法也可采用断弧法。焊接过程中，熔池前始终保持一个熔孔，深入两侧母材 0.5～1 mm。

4. 填充焊在距焊缝始焊端上方约 10 mm 处引弧，运条采用横向锯齿形或月牙形，焊条与板件的下倾角为 70°～80°，焊条摆动到两侧坡口边缘时，要稍作停顿，填充焊层高度应低于母材表面 1～1.5 mm。

5. 盖面焊引弧操作方法与填充层相同，焊条与板件下倾角 70°～80°，采用锯齿形或月牙形运条，焊条左右摆动时，在坡口边缘稍作停顿，熔化坡口棱边线 1～2 mm。

十、钢板对接平焊焊缝常见表面缺陷

1. 错边产生原因：错边属于形状缺陷，是由于定位焊时两个焊件没有对正而使板或管的中心线产生平行偏差。

防止措施：定位焊时注意对正两焊件的中心线。

2. 烧穿产生原因：焊接电流大，焊接速度慢，使焊件过度加热；坡口间隙大，钝边过薄；焊工操作技能差等。

防止措施：选择合适的焊接工艺参数及合适的坡口尺寸；提高焊工的操作技能等。

十一、管径 $\Phi=108$ mm 的低碳钢管水平转动对接焊的操作技能

1. 焊条直径、焊接电流、焊脚尺寸及焊条角度等焊接参数的选择。

2. 试件组对间隙：1.5～2.0 mm；错边量：≤1 mm；钝边 0.5～1.0 mm；定位焊：定位焊缝位于管道截面上相当于“10点钟”和“2点钟”位置，每处定位焊缝长度为10～15 mm。

3. 打底焊采用断弧焊，操作手法与钢板平焊基本相同。从管道截面上相当于“10点半钟”的位置起焊，进行爬坡焊，每焊完一根焊条转动一次管子，把接头的位置转到管道截面上相当于“10点半钟”的位置。

4. 填充焊采用连弧焊进行焊接。其他注意事项与钢板平焊相同。

5. 盖面焊运条方法与填充焊相同，但焊条水平横向摆动的幅度应比填充焊更宽，电弧从一侧摆至另一侧时应稍快些，当摆至坡口两侧棱边处时，电弧进一步缩短，并要稍作停顿以避免咬边。

辅导练习题

一、判断题（下列判断正确的请在括号中打“√”，错误的请在括号内打“×”）

1. 电焊钳的作用是夹持焊条和传导电流。（ ）

2. 应按照焊条类型及直径大小选择电焊钳的规格。（ ）

3. 焊条保温筒在使用前或使用中，应与电焊机的一次电压相连，使其保持一定的温度。（ ）

4. 电焊钳不怕雨淋。（ ）

5. 如使用焊条保温筒存放焊条，则焊条不需要烘干。（ ）

6. 焊条保温筒能起到防粘泥土、防潮、防雨淋等作用。（ ）

7. 焊接时，电焊钳发热变烫，但不影响焊工的操作。（　）

8. 直流弧焊机的主要优点是成本低、制造维护简单；缺点是不能适应碱性焊条。（　）

9. 直流弧焊机（包括逆变式直流弧焊机）引弧容易，性能柔和，电弧稳定，飞溅少。（　）

10. 碱性焊条不能使用交流电源焊接。（　）

11. 同样板厚，T 形接头应比对接接头使用的焊条粗些。（　）

12. 电弧电压升高意味着电弧长度增加。（　）

13. 焊缝转角是指焊缝轴线与水平面之间的夹角。（　）

14. 焊工在更换焊条时一定要戴电焊手套，不得赤手操作。（　）

15. 焊工推拉闸刀时，要侧身向着电闸，防止电弧火花烧伤面部。（　）

16. T 形接头是指一件之端面与另一件表面构成直角或近似直角的接头。（　）

17. 焊脚尺寸越大，焊缝的金属量增加，焊缝金属本身的横向收缩量减小，角变形也就越小。（　）

18. 角接接头是两件端部构成大于 30°，小于 135°夹角的接头。（　）

19. 对于碱性焊条，焊前一定要烘干；直流正接；一定要短弧焊接。（　）

20. 焊条直径不同但焊条长度是一样的。（　）

21. 焊接时为了看清熔池，应尽量采用长弧焊接。（　）

22. 外观检查是一种常用的、简单的检验方法，以肉眼观察为主。（　）

23. 板材角焊缝试件横焊不会产生焊瘤。（　）

24. 焊道末端产生凹陷，且在后续焊道焊接之前或过程中未被消除的现象称为弧坑。（　）

25. 外观检查之前，要求将焊缝表面的熔渣清理干净。（　）

26. 咬边作为一种缺陷的主要原因是在咬边处会引起应力集中。（　）

27. 弧坑仅是焊道末端产生的凹陷，所以是一种没有危害的缺陷。（　）

28. 连弧法打底焊，一般不需穿透成形，即焊道前方无须保持一个穿透的熔孔。（　）

29. 由于对接的两个焊件没有对正，而使板或管的中心线存在偏差而形成的缺陷叫错边。（　）

30. 外观质量在很大程度上反映了焊工的操作技能水平。（　）

31. 外观质量在很大程度上取决于焊接工艺参数是否合适，与焊工操作水平无关。（　）

32. 定位焊应在焊件的端、角应力集中的地方进行。（　）

33. 钢管水平转动对接焊是管子对接焊中最易操作的一种焊接位置。（　）

34. 碱性焊条收弧时不宜采用反复断弧法。（　）

二、单项选择题（下列每题有 4 个选项，其中只有 1 个是正确的，请将其代号填写在横线空白处）

1. 300 A 规格的电焊钳，适用焊条直径范围为________mm。

A. 1.6～2　　B. 2～5

C. 3.2～8　　D. 5～8

2. 500 A 规格的电焊钳，适用焊条直径范围为________mm。

A. 1.6～2　　B. 2～5

C. 3.2～8　　D. 5～8

3. 电焊钳的钳口材料要求有高的导电性和一定的力学性能，故用________制造。

A. 铝合金　　B. 青铜

C. 黄铜　　D. 紫铜

4. 电焊钳规格是按照弧焊电源的________大小决定。

A. 实际焊接电流　　B. 最大的焊接电流

C. 额定焊接电流　　D. 短路电流

5. 焊条电弧焊时，电源的种类根据焊条的性质进行选择。通常，酸性焊条可采用________电源。

A. 交流　　B. 直流

C. 交、直流　　D. 整流

6. 焊条电弧焊时，电源的种类根据焊条的性质进行选择。通常，碱性焊条可采用________电源。

A. 交流　　B. 直流

C. 交、直流　　D. 高频

7. E5015 焊条通常采用的是________。

A. 交流　　B. 直流正接

C. 直流反接　　D. 任意

8. 采用酸性焊条焊接厚钢板时，为了提高生产率，通常采用________。

A. 交流　　B. 直流正接

C. 直流反接　　D. 任意

9. 采用酸性焊条焊接薄钢板、铸铁、有色金属时，为防止烧穿和降低熔合比等，通常采用________。

A. 交流　　B. 直流正接
C. 直流反接　　D. 任意

10. 焊条直径是以________来表示的。
A. 焊芯直径　　B. 焊条外径
C. 药皮厚度　　D. 焊芯直径和药皮厚度之和

11. 横焊、仰焊等空间位置比平焊时所选用的焊条应细一些，直径不超过________ mm。
A. 2.0　　B. 3.2
C. 4.0　　D. 5.0

12. 焊条电弧焊过程中，需要焊工调节的参数是________。
A. 焊接电源　　B. 电弧电压
C. 焊接电流　　D. 焊接位置

13. 横、立、仰焊位置焊接时，焊接电流应比平焊位置小________。
A. 5%～10%　　B. 10%～15%
C. 15%～20%　　D. 20%～25%

14. 平角焊电流比平焊电流大________。
A. 5%～10%　　B. 10%～15%
C. 15%～20%　　D. 20%～25%

15. 碱性焊条选用的焊接电流比酸性焊条小________左右。
A. 5%　　B. 10%
C. 15%　　D. 20%

16. 不锈钢焊条比碳钢焊条选用电流小________左右。
A. 5%　　B. 10%
C. 15%　　D. 20%

17. 在中、厚板焊接时，每层焊道厚度不大于________ mm。
A. 2～3　　B. 3～4
C. 4～5　　D. 5～6

18. 所谓短弧是指弧长为焊条直径的________倍。
A. 0.5～1　　B. 1～1.5
C. 1.5～2　　D. 2～2.5

19. 一般情况下，使用行灯照明时，其电压不应超过________ V。
A. 2.5　　B. 12
C. 36　　D. 48

20. 电焊设备的安装、维修必须由________执行。

A. 安装工　　B. 持证电工

C. 维修工　　D. 电焊工

21. T 形接头的焊接变形主要是________。

A. 角变形　　B. 弯曲变形

C. 纵向缩短　　D. 扭曲变形

22. T 形接头产生角变形 β，随焊脚尺寸 K 变化规律________。

A. K 越小，β 越大　　B. K 越大，β 越小

C. K 越大，β 越大　　D. 以上都不对

23. T 形接头试件定位焊时预留反变形________。

A. 1°～3°　　B. 3°～5°

C. 5°～7°　　D. 7°～9°

24. 尺寸为 300 mm×150 mm×8 mm 的试件两块，组成 T 形接头，选用________形坡口。

A. V　　B. K

C. X　　D. I

25. T 形接头定位焊位于立板与底板相交的两侧首尾处，定位焊缝高度不超过板厚的________。

A. 1/2　　B. 1/3

C. 2/3　　D. 2/5

26. 牌号 J427 焊条对应的焊条型号为________。

A. E4303　　B. E4315

C. E4316　　D. E4348

27. 尺寸为 300 mm×150 mm×8 mm 的试件两块，组成 T 形接头。选用 3.2 mm 焊条，根焊时焊接电流为________ A。

A. 100～110　　B. 110～120

C. 120～130　　D. 130～140

28. 尺寸为 300 mm×150 mm×8 mm 的试件两块，组成 T 形接头。根焊时保持焊条与水平面成________夹角。

A. 35°　　B. 40°

C. 45°　　D. 55°

29. 尺寸为 300 mm×150 mm×8 mm 的试件两块，组成 T 形接头。根焊时保持焊条与

焊接方向成________的夹角。

A. 60°～80°　　B. 50°～70°

C. 70°～90°　　D. 55°～75°

30. 尺寸为 300 mm×150 mm×8 mm 的试件两块，组成 T 形接头。根焊时采用________形运条。

A. 直线　　B. 圆圈

C. 三角　　D. 斜圆圈

31. 尺寸为 300 mm×150 mm×8 mm 的试件两块，组成 T 形接头。盖面焊时采用________形运条。

A. 直线　　B. 圆圈

C. 三角　　D. 斜圆圈

32. 碱性焊条的烘干温度通常为________℃。

A. 75～150　　B. 250～300

C. 350～400　　D. 450～500

33. 焊条烘干的主要目的是________。

A. 保证焊缝金属的抗拉强度　　B. 去除药皮中的水分

C. 降低药皮中的含氧量　　D. 改善脱渣性能

34. 对于 Q235 钢，焊接设备为 BX1－330，则选用焊条________。

A. E4303　　B. E4315

C. E5003　　D. E5015

35. 对于 Q345 钢，焊接设备为 ZX7－400，为保证韧性，则选用焊条________。

A. E4303　　B. E4315

C. E5003　　D. E5015

36. 焊条作横向摆动是为了保证________。

A. 焊缝宽度　　B. 熔深

C. 余高　　D. 焊缝强度

37. 焊条电弧焊 T 形接头平角焊时，焊脚尺寸________ mm 时应采用多层多道焊。

A. 小于 8　　B. 8～10

C. 大于 10　　D. 大于 6

38. 可以选择较大焊接电流的焊接位置是________位焊接。

A. 平　　B. 立

C. 横　　D. 仰

39. 焊接电流过小时，焊缝________，焊缝两边与母材熔合不好。

A. 宽而低　　B. 宽而高

C. 窄而低　　D. 窄而高

40. 防止咬边的方法不包括________。

A. 电弧不能过长　　B. 掌握正确的运条方法和运条角度

C. 调整装配间隙　　D. 选择合适的焊接电流

41. 焊条电弧焊时采用的电源有直流和交流两大类，要根据________进行选择。

A. 工件材质　　B. 工件厚度

C. 焊接线能量　　D. 焊条类型

42. 防止弧坑的措施不包括________。

A. 提高焊工操作技能　　B. 适当摆动焊条以填满凹陷部分

C. 在收弧时作几次环形运条　　D. 适当加快熄弧

43. 测量角焊缝的宽度、焊脚尺寸、焊缝厚度、凸度、凹度等最好选用________。

A. 卷尺　　B. 焊缝检验尺

C. 钢尺　　D. 游标卡尺

44. 测量角焊缝厚度，当以焊缝侧的焊件表面为测量基准面时，用________进行测量。

A. 主尺　　B. 辅尺

C. 活动尺　　D. 主尺和活动尺

45. 焊条电弧焊在正常的焊接电流范围内，电弧电压主要与________有关。

A. 焊接电流　　B. 焊条直径

C. 电弧长度　　D. 电极材料

46. 焊出来的焊缝余高较大，则采用的是________形运条法。

A. 直线　　B. 锯齿

C. 月牙　　D. 斜锯齿

47. 厚度 $\delta=12$ mm 的低碳钢板或低合金钢板对接平焊，要求单面焊双面成形，则打底焊时焊条与焊接前进方向的角度为________。

A. 35°～45°　　B. 40°～50°

C. 45°～55°　　D. 50°～60°

48. 厚度 $\delta=12$ mm 的低碳钢板或低合金钢板对接平焊，要求单面焊双面成形，采用灭弧法打底焊时，熔池前端应有熔孔，深入两侧母材________mm。

A. 0.1～0.5　　B. 0.5～1.0

C. 1.0～1.5　　D. 1.5～2.0

49. 厚度 $\delta=12$ mm 的低碳钢板或低合金钢板对接平焊，要求单面焊双面成形，采用灭弧法打底焊时，使电弧的________压住熔池。

A. 1/2　　B. 1/3

C. 2/3　　D. 2/5

50. 厚度 $\delta=12$ mm 的低碳钢板或低合金钢板对接平焊，要求单面焊双面成形，采用灭弧法打底焊时，电弧________作用在熔池前方用来熔化和击穿坡口根部形成熔池。

A. 1/2　　B. 1/3

C. 2/3　　D. 2/5

51. 厚度 $\delta=12$ mm 的低碳钢板或低合金钢板对接平焊，要求单面焊双面成形，采用灭弧法打底焊时，即将更换焊条前，应在熔池前方做一个熔孔，然后回焊________ mm 左右，再灭弧。

A. 10　　B. 15

C. 20　　D. 25

52. 厚度 $\delta=12$ mm 的低碳钢板或低合金钢板对接平焊，打底焊热接法接头时换焊条的速度要快，在收弧熔池还没有完全冷却时，立即在熔池后________ mm 处引弧。

A. 1～5　　B. 5～10

C. 10～15　　D. 15～20

53. 厚度 $\delta=12$ mm 的低碳钢板或低合金钢板对接平焊，填充焊时焊条与焊接前进方向的角度为________。

A. 40°～50°　　B. 50°～60°

C. 60°～70°　　D. 70°～80°

54. 厚度 $\delta=12$ mm 的低碳钢板或低合金钢板对接平焊，填充焊层高度应比母材表面低________ mm，并应成凹形。

A. 0.5～1.0　　B. 1.0～1.5

C. 1.5～2.0　　D. 2.0～2.5

55. 厚度 $\delta=12$ mm 的低碳钢板或低合金钢板对接平焊，盖面焊焊条左右摆动时，在坡口边缘稍作停顿，熔化坡口棱边线________ mm。

A. 0.1～1.0　　B. 1.0～2.0

C. 2.0～3.0　　D. 3.0～4.0

56. 厚度 $\delta=12$ mm 的低碳钢板或低合金钢板对接平焊，打底焊在正常焊接时，熔孔直径大约为所用焊条直径________倍。

A. 0.5　　B. 1.0

C. 1.5　　　　　　　　　　D. 2.0

57. 单面焊双面成形按其操作手法大体上可分为________两大类。

A. 连弧法和断弧法　　　　　　B. 两点击穿法和一点击穿法

C. 左焊法和右焊法　　　　　　D. 冷焊法和热焊法

58. 钢板对接平焊盖面焊时，如果接头位置偏前则易造成________。

A. 接头部位焊缝过高　　　　　B. 夹渣

C. 焊道脱节　　　　　　　　D. 焊瘤

59. 管径大于或等于 60 mm 的低碳钢管水平转动对接焊，整个填充层焊缝高度应低于母材，最好略显________形，以利于盖面层焊接。

A. 凹　　　　　　　　　　B. 凸

C. 平　　　　　　　　　　D. 随意

60. 电弧电压过高时易产生的缺陷是________。

A. 咬边和夹渣　　　　　　B. 咬边和焊瘤

C. 烧穿和夹渣　　　　　　D. 咬边和气孔

61. 造成熔深减小，熔宽加大的原因有________。

A. 电流过大　　　　　　　B. 电压过低

C. 电弧过长　　　　　　　D. 速度过快

62. 焊接速度过慢，会造成________。

A. 未焊透　　　　　　　　B. 未熔合

C. 烧穿　　　　　　　　　D. 咬边

63. 焊接速度过快，会造成________。

A. 焊缝过高　　　　　　　B. 焊缝过宽

C. 烧穿　　　　　　　　　D. 咬边

64. 管径大于或等于 60 mm 的低碳钢管水平转动对接焊，定位焊缝位于管道截面上相当于________位置。

A. “12点钟”和“6点钟”　　B. “10点钟”和“2点钟”

C. “9点钟”和“3点钟”　　D. 任意

65. 管径为 108 mm 的低碳钢管水平转动对接焊，定位焊缝长度为________mm。

A. 1～5　　　　　　　　　B. 5～10

C. 10～15　　　　　　　　D. 15～20

66. 管径为 108 mm 的低碳钢管水平转动对接焊，打底焊的操作顺序是：从管道截面上相当于________的位置起焊，进行爬坡焊。

A. “9 点半钟”　　B. “10 点半钟”
C. “11 点半钟”　　D. 任意

67. 一般结构咬边深度不得超过________ mm。
A. 0.3　　B. 0.5
C. 0.8　　D. 1.0

68. 重要的焊接结构咬边是________。
A. 允许存在的　　B. 允许深度小于 1 mm
C. 不允许存在的　　D. 允许深度超过 0.5 mm 的一定数值以下

参考答案

一、判断题

1.√　2.×　3.×　4.×　5.×　6.√　7.×　8.×　9.√
10.×　11.√　12.√　13.×　14.√　15.√　16.√　17.×　18.√
19.×　20.×　21.×　22.√　23.×　24.√　25.√　26.√　27.×
28.×　29.√　30.√　31.×　32.×　33.√　34.√

二、单项选择题

1.B　2.C　3.D　4.C　5.C　6.B　7.C　8.B　9.C
10.A　11.C　12.C　13.B　14.B　15.B　16.D　17.C　18.A
19.C　20.B　21.A　22.C　23.B　24.D　25.C　26.B　27.D
28.C　29.A　30.A　31.D　32.C　33.B　34.A　35.D　36.A
37.C　38.A　39.D　40.C　41.D　42.D　43.B　44.D　45.C
46.C　47.B　48.B　49.C　50.B　51.A　52.C　53.D　54.B
55.B　56.C　57.A　58.C　59.A　60.D　61.C　62.C　63.D
64.B　65.C　66.B　67.B　68.C

第 3 章　熔化极气体保护焊

考 核 要 点

理论知识考核范围	考核要点	重要程度
熔化极气体保护焊相关知识	1. 熔化极气体保护焊工艺	★★
	2. CO_2气体保护焊主要焊接参数及对焊缝成形的影响	★★★
	3. 熔化极气体保护焊设备及其安全检查	★★
	4. CO_2 气体保护焊的基本操作方法	★★★
	5. CO_2 气体保护焊安全操作规程	★
低碳钢板或低合金钢板熔化极气体保护焊操作	1. 碳钢板或低合金钢板 T 形接头 CO_2 气体保护焊	★★★
	2. 碳钢板或低合金钢板角接接头 CO_2 气体保护焊	★★★
	3. 质量检查	★
	4. 低碳钢板或低合金钢板平位对接 CO_2 气体保护焊双面焊	★★★
	5. 背部加衬垫的低碳钢板或低合金钢板平位对接 CO_2 气体保护焊	★★★
	6. 质量检查	★

注：其中“重要程度”中，“★”为重要程度级别最低，“★★★”为重要程度级别最高。

重点复习提示

一、熔化极气体保护焊工艺

1. 原理

熔化极气体保护焊是采用连续等速送进可熔化的焊丝与被焊工件之间的电弧作为热源来熔化焊丝和母材金属，形成熔池和焊缝的焊接方法。

2. 特点

（1）电弧可见，焊接容易观察。

（2）容易实现全位置焊接。

（3）热量集中，热影响区窄，焊接变形小。

（4）室外作业须有专门的防风措施。

（5）弧光辐射较强。

（6）CO_2气体保护焊飞溅较大，焊缝表面成形较差。

3. 分类

熔化极气体保护焊按照保护气体的种类不同可分为熔化极惰性气体保护焊、CO_2气体保护焊和熔化极混合气体保护焊三类。

4. 应用

熔化极气体保护焊采用不同的保护气体时，其应用的范围有所不同。惰性气体保护焊主要用于焊接高合金钢、化学性质活泼的金属及合金，如铝及铝合金，铜及铜合金，钛、锆及其合金等；混合气体保护焊通常用于焊接黑色金属；CO_2气体保护焊主要用于焊接各种厚度的碳钢和低合金钢。

二、CO_2气体保护焊主要焊接参数及对焊缝成形的影响

CO_2气体保护焊的焊接工艺参数包括焊丝直径、焊接电流（送丝速度）、电弧电压、焊接速度、焊丝伸出长度、气体流量等。

1. 焊丝直径

焊丝直径根据焊件的厚度、焊缝空间位置及生产率的要求等条件来选择。焊接薄板或中、厚板的立焊、横焊、仰焊时，采用直径1.6 mm以下的焊丝，在平焊位置焊接中、厚板时，可以采用直径大于1.6 mm焊丝。

2. 焊接电流

焊接电流对熔深、焊丝熔化速度及工作效率影响最大。焊接电流与工件的厚度、焊丝直径、施焊位置以及熔滴过渡形式有关。通常用直径为0.8～1.6 mm的焊丝，在短路过渡时，焊接电流在50～230 A范围内选择，粗滴过渡时，焊接电流可在250～500 A内选择。

3. 电弧电压

CO_2焊时，电弧电压与焊接电流一样，对焊接质量的影响相当大。电弧电压一般根据焊丝直径、焊接电流等来选择。随着焊接电流的增加，电弧电压也应相应加大。一般来说，短路过渡时，电压为16～24 V，粗滴过渡时，电压为25～40 V。另外，电弧电压对焊道外观、熔深、电弧稳定性、飞溅程度、焊接缺陷及焊缝的力学性能都有很大的影响。

4. 焊接速度

焊接速度和焊接电流、电弧电压是焊接热输入的三大要素。它对熔深和焊道形状影响最大。对焊缝区的力学性能，以及是否产生裂纹、气孔等也有一定影响。在一定的焊接电流、电压下，随着焊接速度的增加，焊缝熔深、余高、焊缝宽度减小，当速度进一步提高时就会产生咬边。焊接高强度钢时，为了防止产生裂纹，确保焊缝区的塑性、韧性，要特别注意选择合适的热输入。一般 CO_2 半自动焊时焊接速度在 15～40 m/h 范围内，自动焊时不超过 90 m/h。

5. 焊丝伸出长度

通常，焊丝伸出长度取决于焊丝直径，约为焊丝直径的 10 倍为宜。伸出长度过大焊丝会成段熔断，飞溅严重，气体保护效果差。过小，不但易造成飞溅物堵塞喷嘴，影响效果，也影响焊工视线。

6. 焊枪的倾角

焊枪是用于导送焊丝、馈送电流、给送保护气体或储送焊剂等的装置（器具）。焊枪的倾角及焊接方向对焊道的形状和熔深有影响。

7. CO_2 气体流量

CO_2 气体流量的大小应根据焊接电流、电弧电压、焊接速度等因素来选择。如果流量小则容易产生气孔。通常，细丝 CO_2 焊时气体流量为 5～15 L/min；粗丝 CO_2 焊时为 15～25 L/min。

8. 其他

（1）电源极性。CO_2 焊时必须使用直流电源，且多采用直流反接。

（2）回路电感。回路电感应根据焊丝直径、焊接电流和电弧电压等来选择。短路过渡焊接在回路中串联电感，有以下两个作用：一是限制与调节短路电流上升速率和短路峰值电流大小；二是调节电弧燃烧时间，控制母材熔深。

三、熔化极气体保护焊设备

1. 焊接电源

焊接电源类型：熔化极气体保护电弧焊通常采用直流焊接电源，这种电源可分为整流器式、原动机—发电机式和逆变式。焊接电源外特性类型分为三种：平特性（恒压）、陡降特性（恒流）和缓降特性。

2. 送丝系统

送丝系统通常是由送丝机（包括电动机、减速器、校直轮和送丝轮）、送丝软管和焊丝盘等组成。熔化极气体保护焊的送丝机有三种类型：推丝式、拉丝式、推拉丝式。

推丝式：是半自动熔化极气体保护焊应用最广泛的送丝方式之一。这种送丝方式的焊枪结构简单、轻便、操作和维修都比较方便。但焊丝送进的阻力较大，送丝稳定性较差，特别是对于较细、较软材料的焊丝。所以适用于 ϕ0.8～2.0 mm 的焊丝，送丝距离一般为 3～5 m。

3. 供气系统

CO_2 气体保护焊的供气系统由气瓶、预热器、干燥器、减压器（阀）、流量计、电磁阀等组成。

CO_2 气瓶：气瓶表面涂铝白色，并有黑色的“液态二氧化碳”字样，新灌气的瓶压约为 5.7 MPa（20℃时）。

四、熔化极气体保护焊焊接衬垫的种类和作用

1. 焊接衬垫的种类：常用的衬垫有三种：衬条、铜衬垫和非金属衬垫。

2. 焊接衬垫的作用：焊接衬垫的作用是以单面焊的方式达到相当于双面焊全焊透的对接焊缝。

五、CO_2 气体保护焊的基本操作方法

1. 引弧：半自动 CO_2 气体保护焊引弧，常采用短路引弧法

引弧时，注意保持焊接姿势与正式焊接时一样。引弧前先点动送出一段焊丝，焊丝端头距工件表面的距离为 2～3 mm。

2. CO_2 气体保护焊焊枪的摆动方式及应用范围

为了保证焊缝的宽度和两侧坡口的熔合，CO_2 气体保护焊时要根据不同的接头类型及焊接位置做横向摆动。为了减少输入的线能量，减小热影响区，减小变形，通常不采用大的横向摆动来获得宽焊缝，推荐采用多层多道焊接方法来焊接厚板。当坡口小时，可采用锯齿形较小的横向摆动，而当坡口大时，可采用弯月形的横向摆动。

3. 收弧

焊接结束前必须收弧，若收弧不当则容易产生弧坑，并出现弧坑裂纹、气孔等缺陷。

焊枪在收弧处停止前进，并在熔池未凝固时，反复断弧、引弧直到弧坑填满为止。操作时动作要快，若熔池已凝固再引弧，则容易产生气孔、未焊透等缺陷。

4. 接头操作

在接头前，应将待焊处用磨光机打磨成斜面。

（1）无摆动焊接时，可在弧坑前方约 20 mm 处引弧，然后快速将电弧引向弧坑，待熔化金属填满弧坑后，立即将电弧引向前方，进行正常操作。

（2）当采用摆动焊接时，在弧坑前方约 20 mm 处引弧，然后快速将电弧引向弧坑，到

达弧坑中心后开始摆动并向前移动，同时，加大摆动转入正常焊接。

六、CO_2 气体保护焊安全操作规程

1. 应佩戴能供给新鲜氧气的面具及氧气瓶。

2. 注意选用容量恰当的电源、电源开关、熔断器及辅助设备，以满足高负载率持续工作的要求。

3. 采用必要的防止触电措施与良好的隔离防护装置和自动断电装置；焊接设备必须保护接地或接零并经常进行检查和维修。

4. 焊工应有完备的劳动防护用具，防止人体灼伤。

5. 采用 CO_2 气体电热预热器时，电压应低于 36 V，外壳要可靠接地。

辅导练习题

一、判断题（下列判断正确的请在括号中打“√”，错误的请在括号内打“×”）

1. CO_2 气体保护焊不容易实现全位置焊接。（　）

2. CO_2 气体保护焊热量集中，热影响区窄，焊接变形小。（　）

3. 由于 CO_2 气体保护焊是明弧焊接，故室外作业必须有专门的防护措施。（　）

4. CO_2 气体保护焊弧光辐射较强，因此电焊工应加强个人防护。（　）

5. CO_2 气体保护焊飞溅较大，但焊缝表面成形较好。（　）

6. CO_2 气体保护焊时焊接电流与工件的厚度、焊丝直径、施焊位置以及熔滴过渡形式有关。（　）

7. CO_2 气体保护焊在平焊位置焊接中、厚板时，可以采用直径大于 1.6 mm 焊丝。（　）

8. CO_2 气体保护焊焊接电流与工件的厚度、焊丝直径、施焊位置以及熔滴过渡形式有关。（　）

9. CO_2 气体保护焊通常用直径为 0.8～1.6 mm 的焊丝，在短路过渡时，焊接电流可在 250～500 A 内选择。（　）

10. CO_2 气体保护焊时，电弧电压对焊接质量的影响不算大。（　）

11. CO_2 气体保护焊时，电弧电压一般根据焊丝直径、焊接电流等来选择。随着焊接电流的增加，电弧电压也应相应减小。（　）

12. CO_2 气体保护焊时，电弧电压对焊道外观、熔深、电弧稳定性、飞溅程度、焊接缺陷及焊缝的力学性能都有很大的影响。（　）

13. CO_2 气体保护焊时，焊接速度对熔深和焊道形状影响最大。（　）

14. CO_2气体保护焊时，在一定的焊接电流、电压下，随着焊接速度的增加，焊缝熔宽、余高、焊缝宽度减小，当速度进一步提高时就会产生咬边。（　）

15. CO_2气体保护焊焊接高强度钢时，为了防止产生气孔，确保焊缝区的塑性、韧性，要特别注意选择合适的热输入。（　）

16. CO_2气体保护焊时，焊丝伸出长度过大焊丝会成段熔断，飞溅严重，但气体保护比较好。（　）

17. CO_2气体保护焊时，焊枪是用于导送焊丝、馈送电流、给送保护气体或储送焊剂等的装置。（　）

18. CO_2气体保护焊时，焊枪的倾角及焊接方向对焊道的形状和熔宽有影响。（　）

19. CO_2气体流量的大小，应根据焊接电流、电弧电压，焊接速度等因素来选择。如果流量小则容易产生气孔。（　）

20. 粗丝 CO_2气体保护焊时气体流量为 5～15 L/min。（　）

21. CO_2气体保护焊时，短路过渡焊接在回路中并联电感。（　）

22. CO_2气体保护焊时，短路过渡焊接在回路中串联电感，一是限制与调节短路电流上升速率和短路峰值电流大小；二是调节电弧燃烧时间，控制母材熔深。（　）

23. 熔化极气体保护电弧焊通常采用直流焊接电源，这种电源可为整流器式、原动机—发电机式和逆变式。（　）

24. 推丝式是半自动熔化极气体保护焊应用最少的送丝方式之一。（　）

25. 半自动熔化极气体保护焊推丝式的焊枪适用于 ϕ0.8～2.0 mm 的焊丝，送丝距离一般为 3～5 m。（　）

26. CO_2气体保护焊的供气系统由气瓶、预热器、干燥器、减压器（阀）、流量计、电磁阀等组成。（　）

27. CO_2 气瓶表面涂天蓝色，并有黑色的“液态二氧化碳”字样，新灌气的瓶压约为 5.7 MPa（20℃时）。（　）

28. 熔化极气体保护焊焊接衬垫的作用是以单面焊的方式达到相当于双面焊全焊透的对接焊缝。（　）

29. CO_2气体保护焊过程中，电弧燃烧的稳定性和焊缝成形的好坏取决于熔滴过渡形式。（　）

30. CO_2气体保护焊时，保持焊丝长度不变是保证焊接过程稳定的基本条件之一。（　）

31. CO_2气体保护焊产生飞溅的原因之一是电压太低、电流太大。（　）

32. 用 CO_2 气体保护焊替代焊条电弧焊，可以不改变坡口形式和尺寸。（ ）

33. CO_2 气体保护焊半自动焊的引弧采用直送焊丝非接触引弧方式。（ ）

34. CO_2 气体保护焊焊接中厚板时，通常采用V形坡口，以多层焊道完成。（ ）

35. CO_2 气体保护焊中厚板平角焊时，如焊脚小于 5 mm，则焊枪与垂直板的夹角为 40°～50°。（ ）

二、单项选择题（下列每题有4个选项，其中只有1个是正确的，请将其代号填写在横线空白处）

1. CO_2 气体保护焊的特点是________。

A. 焊接变形大，冷裂倾向小　　B. 焊接变形小，冷裂倾向大

C. 焊接变形大，冷裂倾向大　　D. 焊接变形小，冷裂倾向小

2. CO_2 气体保护焊的缺点是________。

A. 成本高　　B. 操作复杂

C. 飞溅大　　D. 焊接变形大

3. 与惰性气体相比，CO_2 气体保护焊时将产生更多的飞溅，可是 CO_2 能加大________。

A. 熔深　　B. 熔宽

C. 熔池　　D. 熔滴

4. 熔化极气体保护焊按照保护气体的种类不同可分为三类，不包括________。

A. 熔化极惰性气体保护焊　　B. CO_2 气体保护焊

C. 钨极氩弧焊　　D. 熔化极混合气体保护焊

5. 熔化极气体保护焊采用惰性气体时，主要用于焊接的金属不包括________。

A. 高合金钢　　B. 铝及铝合金

C. 铜及铜合金　　D. 低合金钢

6. 目前 CO_2 气体保护焊主要用于焊接________。

A. 低碳钢和低合金钢　　B. 低合金钢和高合金钢

C. 不锈钢和高合金钢　　D. 不锈钢和耐热钢

7. CO_2 气体保护焊的焊接工艺参数不包括________。

A. 焊丝直径　　B. 送丝速度

C. 焊枪角度　　D. 气体流量

8. CO_2 气体保护焊时选择焊丝直径的条件不包括________。

A. 焊件厚度　　B. 焊接空间位置

C. 焊缝长度　　D. 焊接生产率

9. CO_2 气体保护焊焊接电流对________影响不大。

A. 熔深　　B. 熔宽

C. 焊丝熔化速度　　D. 工作效率

10. CO_2气体保护焊短路过渡时，电压为________。

A. 16～24 V　　B. 16～30 V

C. 16～40 V　　D. 25～40 V

11. CO_2气体保护焊的电弧电压对________影响不大。

A. 焊道外观　　B. 焊缝的化学性能

C. 焊接缺陷　　D. 焊缝的力学性能

12. CO_2气体保护焊的________不是焊接热输入的三大要素。

A. 焊接速度　　B. 预热温度

C. 焊接电流　　D. 电弧电压

13. 一般 CO_2半自动焊时焊接速度在________范围内。

A. 15～40 m/h　　B. 15～20 m/h

C. 15～30 m/h　　D. 20～40 m/h

14. CO_2半自动焊时焊丝伸出长度取决于焊丝直径，约以焊丝直径的________倍为宜。

A. 10　　B. 8

C. 12　　D. 9

15. CO_2气体保护焊焊丝伸出长度在________范围内。

A. 5～10 mm　　B. 10～20 mm

C. 20～25 mm　　D. 0～5 mm

16. CO_2气体流量大小的选择不包括________。

A. 焊接电流　　B. 电弧电压

C. 焊接速度　　D. 焊件厚度

17. 细丝 CO_2气体保护焊时，气体流量为________。

A. 小于 5 L/min　　B. 5～15 L/min

C. 15～20 L/min　　D. 25～30 L/min

18. CO_2气体保护焊采用________。

A. 直流正接　　B. 直流反接

C. 交流电源　　D. 脉冲电源

19. CO_2气体保护焊回路电感与________无关。

A. 焊丝直径　　B. 焊接电流

C. 电弧电压　　D. 焊接位置

20. 细丝 CO_2 气体保护焊时使用________外特性的直流电源。

A. 水平　　B. 陡降

C. 缓降　　D. 上升

21. 粗丝 CO_2 气体保护焊等速送丝宜采用________外特性电源。

A. 水平　　B. 陡降

C. 缓降　　D. 上升

22. 熔化极气体保护焊设备中送丝系统的组成不包括________。

A. 电动机　　B. 增速器

C. 送丝软管　　D. 焊丝盘

23. 熔化极气体保护焊的送丝机有三种类型不包括________。

A. 推丝式　　B. 送丝式

C. 拉丝式　　D. 推拉丝式

24. CO_2 气体保护焊时，CO_2 气体的纯度应不低于________。

A. 97.5%　　B. 98.5%

C. 99%　　D. 99.5%

25. CO_2 气体保护焊用的焊丝都含有较高的________。

A. 碳　　B. 铬

C. 镍　　D. 锰和硅

26. CO_2 气体中水的含量与瓶中的压力有关，压力越低，水汽越多，CO_2 气瓶压力低于________时，不能继续使用。

A. 0.1 MPa　　B. 0.5 MPa

C. 1 MPa　　D. 2 MPa

27. 熔化极气体保护焊焊接衬垫常用的有三种，不包括________。

A. 衬条　　B. 铜衬垫

C. 非金属衬垫　　D. 铝衬垫

28. 细丝 CO_2 气体保护焊时，熔滴采用________过渡形式。

A. 短路　　B. 细颗粒

C. 旋转射流　　D. 喷射

29. 药芯焊丝 CO_2 焊熔滴过渡形式是________过渡。

A. 短路　　B. 颗粒状

C. 射流　　D. 旋转射流

30. CO_2 气体保护焊用于堆焊时采用________。

A. 直流正接　　B. 直流反接
C. 交流电源　　D. 脉冲电源

31. CO_2气体保护焊焊接屈服强度不大于 450 MPa 的低合金钢时，仍可用 H08Mn2SiA、H08Mn2Si 焊丝。药芯焊丝的牌号是以________来分等级的。

A. 屈服强度　　B. 抗拉强度
C. 塑性　　D. 冲击韧性

32. 焊接屈服强度为 350 MPa 的 16Mn 钢时，药芯焊丝熔敷金属的抗拉强度为 500 MPa，牌号为________药芯焊丝。

A. YJ502-1　　B. YJ507-1
C. YJ501-1　　D. YJ502R-1

33. CO_2气体保护焊时，通常板厚在________以上时需要开坡口。

A. 4 mm　　B. 6 mm
C. 8 mm　　D. 10 mm

34. CO_2气体保护焊时，为了保证焊接质量，要求在坡口正反面的周围________范围内清除水、锈、油、漆等污物。

A. 8 mm　　B. 20 mm
C. 12 mm　　D. 10 mm

35. CO_2气体保护焊时，低合金高强钢定位焊缝长度可适当放至________。

A. 20 mm　　B. 60 mm
C. 40 mm　　D. 30 mm

36. CO_2气体保护焊焊接薄板及中厚板打底焊道时，焊枪的摆动形式采用________。

A. 直线形　　B. 小锯齿形
C. 月牙形　　D. 三角形

37. CO_2气体保护立焊焊接时，焊枪的摆动形式采用________。

A. 直线形　　B. 小锯齿形
C. 月牙形　　D. 三角形

38. CO_2气体保护焊引弧时，焊丝端头和焊件保持约________距离。

A. 4 mm　　B. 1 mm
C. 2 mm　　D. 3 mm

39. CO_2气体保护薄板平对接焊时，采用________焊法。

A. 左　　B. 右
C. 先左后右　　D. 先右后左

40. CO_2气体保护焊焊接平位中厚板，如果一层分两道焊，第一道焊应熔透覆盖前一层焊道的________。

A. 1/2　　B. 1/3
C. 2/3　　D. 1/4

41. CO_2气体保护焊焊接中厚板时，如果坡口间隙为1.2～2.0 mm，焊枪宜用________摆动。

A. 直线形或锯齿形　　B. 锯齿形或月牙形
C. 月牙形或三角形　　D. 三角形或直线形

42. CO_2气体保护焊角焊缝时，焊脚小于________时，可以用单道焊完成。

A. 4～5 mm　　B. 1～2 mm
C. 2～3 mm　　D. 7～8 mm

43. CO_2气体保护焊角焊缝时，薄板平角焊焊脚小于________时，用左焊法。

A. 4 mm　　B. 2 mm
C. 3 mm　　D. 7 mm

44. CO_2气体保护焊中厚板平角焊时，焊脚小于5 mm时，焊接电流应小于________。

A. 100 A　　B. 250 A
C. 350 A　　D. 75 A

45. CO_2气体保护向上立对接焊时，如果焊道宽度超过________，应采用多道焊。

A. 10 mm　　B. 20 mm
C. 30 mm　　D. 7 mm

46. CO_2气体保护半自动焊的工艺参数要求，在板厚为2 mm，焊丝直径为0.8 mm的条件下，通常我们采用的焊接电流为________。

A. 30～40 A　　B. 40～50 A
C. 60～70 A　　D. 70～80 A

47. CO_2气体保护焊半自动单面焊双面成形时，为获得良好的焊道成形，焊丝应处在熔池的________。

A. 前区域，熔池呈椭圆形　　B. 前区域，熔池呈月牙形
C. 后区域，熔池呈椭圆形　　D. 后区域，熔池呈月牙形

48. CO_2气体保护半自动单面焊双面成形技术要求，打底层厚度不超过________。

A. 2.0 mm　　B. 2.5 mm
C. 3.0 mm　　D. 4.0 mm

49. 陶质衬垫对接CO_2气体保护半自动焊采用的衬垫块，采用________的氧化物为主要

原料。

A. 硅和铝　　B. 铅和铝

C. 硅和铜　　D. 硅和镍

50. 陶质衬垫对接 CO_2 气体保护半自动焊要求 CO_2 气体的纯度应大于________。

A. 99.1%　　B. 99.2%

C. 99%　　D. 98%

51. 陶质衬垫对接 CO_2 气体保护半自动焊容易产生收弧________。

A. 夹渣　　B. 缩孔

C. 弧坑　　D. 裂纹

52. CO_2 气体保护水平固定管定位焊时，当管子直径小于________时，可采用两点定位焊。

A. 76 mm　　B. 89 mm

C. 114 mm　　D. 159 mm

53. CO_2 气体保护水平固定管定位焊时，焊缝长度为________。

A. 5～8 mm　　B. 3～4 mm

C. 6～9 mm　　D. 10～20 mm

参考答案

一、判断题

1. ×　2. √　3. √　4. √　5. ×　6. √　7. √　8. √　9. ×
10. ×　11. ×　12. √　13. √　14. √　15. ×　16. ×　17. √　18. ×
19. √　20. ×　21. ×　22. √　23. √　24. ×　25. √　26. √　27. ×
28. √　29. √　30. √　31. ×　32. √　33. ×　34. √　35. √

二、单项选择题

1. D　2. C　3. A　4. C　5. D　6. A　7. C　8. C　9. B
10. A　11. B　12. B　13. A　14. A　15. B　16. D　17. B　18. B
19. D　20. A　21. C　22. B　23. B　24. D　25. D　26. C　27. D
28. A　29. B　30. C　31. B　32. C　33. D　34. B　35. B　36. A
37. D　38. D　39. A　40. C　41. B　42. D　43. A　44. B　45. B
46. C　47. B　48. A　49. A　50. B　51. B　52. A　53. D

第 4 章　非熔化极气体保护焊

考 核 要 点

理论知识考核范围	考核要点	重要程度
手工钨极氩弧焊相关知识	1. 手工钨极氩弧焊焊接工艺	★★
	2. 手工钨极氩弧焊的特点及应用	★★★
	3. 手工钨极氩弧焊设备	★★★
	4. 手工钨极氩弧焊基本操作技术	★★
	5. 手工钨极氩弧焊安全操作规程	★
手工钨极氩弧焊操作	1. 低碳钢板 $\delta<6$ mm 平位对接手工钨极氩弧焊	★★★
	2. 不锈钢板 $\delta<6$ mm 平位对接手工钨极氩弧焊	★★★
	3. 质量检查	★
	4. $\phi\leqslant60$ mm 低碳钢管对接水平转动手工钨极氩弧焊	★★★
	5. 质量检查	★

注：其中“重要程度”中，“★”为重要程度级别最低，“★★★”为重要程度级别最高。

重点复习提示

一、手工钨极氩弧焊焊接工艺

非熔化极气体保护焊一般是指钨极惰性气体保护焊，即使用纯钨或活化钨（钍钨、铈钨等）电极的惰性气体保护焊，简称 TIG。而钨极氩气保护焊是典型的钨极惰性气体保护焊。

1. 钨极氩弧焊的原理

钨极氩弧焊是用钨棒作为电极加上氩气进行保护的焊接方法。焊接过程根据工件的具体要求可以加或者不加填充焊丝。

2. 钨极氩弧焊的分类

（1）按电流波形分为直流氩弧焊、交流氩弧焊和脉冲氩弧焊。

（2）按操作方式分为手工氩弧焊和自动氩弧焊。

（3）按保护气体成分分为氩弧焊、氦弧焊和混合气体保护焊。

（4）按填充焊丝的状态分为冷丝焊、热丝焊和双丝焊。

二、手工钨极氩弧焊的特点及应用

1. 特点

（1）优点

1）保护效果好，焊缝质量高。氩气不与金属发生反应，也不溶于金属，焊接过程基本上是金属熔化与结晶的简单过程，因此能获得较为纯净及质量高的焊缝。

2）焊接变形和应力小。由于电弧受氩气流的压缩和冷却作用，电弧热量集中，热影响区很窄，焊接变形与应力均小。

3）特别适于焊接薄板。钨极电弧非常稳定，即使在很小的电流情况下（<10 A）仍可稳定燃烧，所以特别适于薄板焊接。

4）易观察、易操作。由于是明弧焊，所以观察方便，操作容易，尤其适用于全位置焊接。

5）稳定。电弧稳定，且填充焊丝不通过电流，故不会产生飞溅，焊缝成形美观，焊后不用清渣。

6）易控制熔池尺寸。由于焊丝和电极是分开的，焊工能够很好地控制熔池尺寸和大小。

7）可焊的材料范围广。几乎所有的金属材料都可以进行氩弧焊。特别适宜焊接化学性能活泼的金属和合金，如铝、镁、钛等。

（2）缺点

1）设备成本较高。

2）钨极载流能力较差，过大的电流会引起钨极的熔化与蒸发，其微粒有可能进入熔池而引起夹钨。因此，熔敷速度小，熔深浅，生产率低。

3）氩气电离势高，引弧困难，需要采用高频引弧及稳弧装置。

4）氩弧焊产生的紫外线是手弧焊的 5～30 倍，生成的臭氧对焊工也有危害，所以要加强防护。

5）焊接时需有防风措施。

2. 应用

钨极氩弧焊是一种高质量的焊接方法，不锈钢、耐热钢也常用钨极氩弧焊焊接。另外，在碳钢和低合金钢的压力管道焊接中，现在也越来越多地采用氩弧焊打底，以提高焊接接头的质量。

3. 手工钨极氩弧焊的焊接参数

手工钨极氩弧焊的焊接参数有：焊接电流种类和极性、钨极直径、焊接电流、电弧电压、氩气流量、焊接速度、喷嘴直径及喷嘴至焊件的距离和钨极伸出长度等。必须正确地选择并合理的配合，才能得到满意的焊接质量。

三、手工钨极氩弧焊设备

手工钨极氩弧焊设备通常由焊接电源、引弧及稳弧装置、焊枪、供气系统、水冷系统和焊接程序控制装置等部分组成。

1. 焊接电源

（1）电源的外特性

钨极氩弧焊要求采用陡降外特性电源，以减少或排除因弧长变化而引起的焊接电流波动。

（2）电源种类

作为钨极氩弧焊的电源有直流电源、交流电源、交直流两用电源及脉冲电源。目前使用最为广泛的是晶闸管式弧焊电源，而各种逆变电源具有优良的性能指标及节能效果，今后将会成为主导产品。

2. 引弧及稳弧装置

（1）引弧方法

1）短路引弧。依靠钨极和引弧板或者工件之间接触引弧。其缺点是引弧时钨极损耗较大，钨极端部形状易被破坏，和工件接触引弧也易造成工件夹钨，应尽量少用。

2）高频引弧。利用高频振荡器产生的高频高压（2 500～3 000 V、150～260 kHz）击穿钨极与工件之间的间隙（3 mm左右）而引燃电弧。

3）高压脉冲引弧。在钨极与工件之间加一高压脉冲，使两极间气体介质电离而引弧（脉冲幅值≥800 V）。

（2）稳弧方法

交流电弧的稳定性很差，在正极性转换成反极性瞬间必须采取稳弧措施。

1）高频稳弧。同步采取高频高压稳弧，可以在稳弧时适当降低高频的强度。

2）高压脉冲稳弧。在电流过零瞬间加上一个高压脉冲。

3）交流矩形波稳弧。利用交流矩形波在过零瞬间有极高的电流变化率，帮助电弧在极性转换时很快地反向引燃。

3. 焊枪

焊枪的作用是夹持钨极、传导焊接电流和输送保护气，它应满足下列要求：保护气流具有良好的流动状态和一定的挺度，以获得可靠的保护；有良好的导电性能；质量轻，结构紧凑，可达性好，装拆维修方便。焊枪分气冷式和水冷式两种，气冷式焊枪用于小电流（≤100 A）焊接，水冷式焊枪用于大电流和自动焊接。

4. 供气系统

供气系统由氩气瓶、减压阀、浮子流量计、电磁气阀、气管组成，其作用是将氩气瓶内高压气体减至一定的低压，按不同流量要求将氩气输送至焊接区，达到焊接保护要求。

四、手工钨极氩弧焊基本操作技术

1. 引弧和收弧

（1）引弧

引弧通常采用高频振荡器和高压脉冲非接触引弧。引弧时使钨极端头与工件保持 3 mm 距离，然后接通电路（包括引弧电路）即可引弧。没有引弧器时采用接触引弧，用紫铜板或石墨板做引弧板，放在焊接坡口上引弧。引弧前，应提前 1.5～4 s 送气。

（2）收弧

收弧时要采用电流自动衰减装置，当要收弧时，应减小焊枪与焊件的夹角让热量集中在焊丝上，加大焊丝熔化量，以填满弧坑，然后切断控制开关，这时焊接电流逐渐减小，熔池也不断缩小，焊丝回抽，但不要脱离氩气保护区，停弧后，氩气需延时 10 s 左右再关闭，防止熔池金属在高温下氧化。没有该装置时，则应在收弧处慢慢地抬起焊枪，拉长电弧，并减小焊枪倾角，加大焊丝熔化量，待弧坑填满后再切断电流。收弧后，应延时 10 s 左右停止送气。

2. 填丝

填丝时，还必须注意以下几点：

（1）必须等坡口两侧熔化后填丝。

（2）填丝时，焊丝和焊件表面夹角 150°左右，敏捷的从熔池前沿点进，随后撤回，如此反复。

（3）填丝要均匀，快慢适当。送丝速度应与焊接速度相适应。对口间隙大于焊丝直径时，焊丝应随电弧做同步横向摆动。

（4）焊接时，焊丝端头应始终处在氩气保护区内，不得将焊丝直接放在电弧下面或抬得过高，也不应让熔滴向熔池“滴渡”。

（5）操作过程中，如果钨极和焊丝不慎相碰，发生瞬间短路，会造成焊缝污染（夹钨）。

3. 接头技术

接头时应注意下列问题：

（1）接头处要有斜坡，不能有死角。

（2）重新引弧位置在原弧坑后面，使焊缝重叠20～30 mm，重叠处一般不加或少加焊丝。

（3）熔池要贯穿到接头的根部，以确保接头处熔透。

五、手工钨极氩弧焊安全操作规程

1. 焊接工作场所必须备有防火设备，如砂箱、灭火器、消防栓、水桶等。易爆物品距离焊接场所不得小于10 m。氩弧焊工作场地要有良好的自然通风和固定的机械通风装置，以减少氩弧焊有害气体和金属烟尘的危害。

2. 氩弧焊时，紫外线强度很大，易引起电光性眼炎、电弧灼伤。因此，焊工操作时应穿白色帆布工作服，戴好口罩、面罩及防护手套，穿绝缘胶鞋等。

辅导练习题

一、判断题（下列判断正确的请在括号中打“√”，错误的请在括号内打“×”）

1. 非熔化极气体保护焊简称TIG焊，不一定指钨极惰性气体保护焊。（　　）

2. 钨极氩气保护焊是典型的钨极惰性气体保护焊。（　　）

3. 钨极氩气保护焊按保护气体成分分为氩弧焊和氦弧焊。（　　）

4. 钨极氩弧焊焊接过程根据工件的具体要求可以加或者不加填充焊丝。（　　）

5. 钨极氩弧焊按电流波形分为直流氩弧焊、交流氩弧焊和脉冲氩弧焊。（　　）

6. 钨极氩弧焊按操作方式分为手工氩弧焊和半自动氩弧焊。（　　）

7. 钨极氩弧焊按填充焊丝的状态分为冷丝焊、热丝焊和双丝焊。（　　）

8. 钨极氩弧焊由于电弧受氩气流的压缩和冷却作用，电弧热量集中，热影响区很窄，焊接变形与应力较大。（　　）

9. 钨极氩弧焊由于是明弧焊，所以观察方便，操作容易，但不适用于全位置焊接。（　　）

10. 钨极氩弧焊时由于焊丝和电极是分开的，焊工能够很好地控制熔池尺寸和大小。（　　）

11. 钨极氩弧焊可焊的材料范围广，几乎所有的金属材料都可以进行氩弧焊。（　　）

12. 氩气电离势高，引弧困难，需要采用高频引弧及稳弧装置。（　　）

13. 室外用钨极氩弧焊焊接时需要有防风措施。（　）

14. 钨极氩弧焊是一种高质量的焊接方法，但不锈钢、耐热钢不适宜用钨极氩弧焊焊接。（　）

15. 钨极氩弧焊要求采用缓升外特性电源，以减少或排除因弧长变化而引起的焊接电流波动。（　）

16. 钨极氩弧焊目前使用最为广泛的是晶闸管式弧焊电源，而各种逆变电源具有优良的性能指标及节能效果，今后将会成为主导产品。（　）

17. 氩弧焊时短路引弧的缺点是引弧时钨极损耗较大，钨极端部形状易被破坏，和工件接触引弧也易造成工件夹钨，应尽量少用。（　）

18. 氩弧焊时高压脉冲稳弧就是在电流过零瞬间加上一个高压脉冲。（　）

19. 氩弧焊时交流矩形波稳弧是利用交流矩形波在过零瞬间有极高的电压变化率，帮助电弧在极性转换时很快地反向引燃。（　）

20. 氩弧焊时交流电弧的稳定性很差，在正极性转换成反极性瞬间必须采取稳弧措施。（　）

21. 氩弧焊时高频稳弧是同步采取高频高压稳弧，可以在稳弧时适当提高高频的强度。（　）

22. 钨极氩弧焊焊枪的作用是夹持钨极、传导焊接电流和输送保护气体。（　）

23. 钨极氩弧焊焊枪分气冷式和水冷式两种，气冷式焊枪用于小电流（≤100 A）焊接，水冷式焊枪用于大电流和自动焊接。（　）

24. 对钨极氩弧焊焊枪要求保护气流不能具有流动状态，但要具有一定的挺度，以获得可靠的保护。（　）

25. 钨极氩弧焊机供气系统的作用是将氩气瓶内高压气体减至一定的低压，按不同流量要求将氩气输送至焊接区，达到焊接保护要求。（　）

26. 钨极氩弧焊引弧通常采用高频振荡器和高压脉冲接触引弧。（　）

27. 钨极氩弧焊引弧时使钨极端头与工件保持 2 mm 距离，然后接通电路（包括引弧电路）即可引弧。（　）

28. 氩弧焊没有引弧器时采用接触引弧，用紫铜板或石墨板做引弧板，放在焊接坡口上引弧。引弧前，应提前 1.5～4 s 送气。（　）

29. 钨极氩弧焊停弧后，氩气需延时 3 s 左右再关闭，防止熔池金属在高温下氧化。（　）

30. 钨极氩弧焊没有电流自动衰减装置时，应在收弧处慢慢地抬起焊枪，拉长电弧，并增大焊枪倾角，加大焊丝熔化量，待弧坑填满后再切断电流。（　）

31. 钨极氩弧焊填丝时，焊丝和焊件表面夹角 30°左右，敏捷的从熔池前沿点进，随后撤回，如此反复。（　）

32. 钨极氩弧焊填丝时要均匀，快慢适当。送丝速度应与焊接速度相适应。对口间隙大于焊丝直径时，焊丝应随电弧做同步上下摆动。（　）

33. 钨极氩弧焊焊接时，焊丝端头应始终处在氩气保护区内，不得将焊丝直接放在电弧下面或抬得过高，也不应让熔滴向熔池“滴渡”。（　）

34. 钨极氩弧焊操作过程中，如果钨极和焊丝不慎相碰，发生瞬间短路，会造成焊缝污染（夹钨）。（　）

35. 钨极氩弧焊接头时，重新引弧位置在原弧坑后面，使焊缝重叠 10～15 mm，重叠处一般不加或少加焊丝。（　）

36. 钨极氩弧焊接头时，熔池要贯穿到接头的根部，以确保接头处熔透。（　）

37. 易爆物品距离钨极氩弧焊焊接场所不得小于 5 m。（　）

38. 氩弧焊工作场地要有良好的自然通风和固定的机械通风装置，以减少氩弧焊有害气体和金属烟尘的危害。（　）

39. 氩弧焊时，紫外线强度很大，易引起电光性眼炎、电弧灼伤。（　）

40. 氩弧焊操作时，焊工应穿白色帆布工作服，戴好口罩、面罩及防护手套，穿绝缘胶鞋等。（　）

二、单项选择题（下列每题有 4 个选项，其中只有 1 个是正确的，请将其代号填写在横线空白处）

1. 钨极氩弧焊是用钨棒作为电极加上________进行保护的焊接方法。

A. 氧气　　B. 二氧化碳

C. 氩气　　D. 氮气

2. 氩气是一种良好的焊接用保护气体，它的主要缺点是________。

A. 对熔池极好的保护作用　　B. 价格较贵，焊接成本高

C. 其本身不与金属反应　　D. 其不溶于金属

3. 钨极电弧非常稳定，电弧热源和填充焊丝可分别控制，但它的一个缺点是________。

A. 小电流下能稳定燃烧　　B. 适于薄板材料焊接

C. 能进行全位置焊接　　D. 引弧困难，需采用高频引弧

4. 钨极电弧非常稳定，即使在很小的电流情况下（<________）仍可稳定燃烧，所以特别适于薄板焊接。

A. 10 A　　B. 20 A

C. 30 A　　D. 15 A

5. 氩弧焊电弧稳定，且填充焊丝不通过电流，故不会产生________，焊缝成形美观，焊后不用清渣。

A. 气孔　　B. 飞溅

C. 夹杂　　D. 未熔合

6. 氩弧焊因钨极载流能力较差造成的缺点不包括________。

A. 熔敷速度小　　B. 熔深浅

C. 成本较高　　D. 生产率低

7. 氩弧焊产生的紫外线是手弧焊的________倍，生成的臭氧对焊工也有危害，所以要加强防护。

A. 1～2　　B. 3～5

C. 5～30　　D. 10～20

8. 在碳钢和低合金钢的压力管道焊接中，现在也越来越多地采用氩弧焊________，以提高焊接接头的质量。

A. 打底　　B. 填充

C. 盖面　　D. 填盖

9. 钨极氩弧焊所焊接的板材厚度范围，从生产率考虑以________以下为宜。

A. 1 mm　　B. 2 mm

C. 3 mm　　D. 4 mm

10. 氩弧焊焊接不锈钢时，宜采用________电源。

A. 直流正接　　B. 交流

C. 直流反接　　D. 脉冲

11. 氩弧焊焊接铝、镁及其合金时，宜采用________电源。

A. 直流正接　　B. 交流

C. 直流反接　　D. 脉冲

12. 采用交流钨极氩弧焊时，一般将钨极磨成________。

A. 圆柱形　　B. 钝锥形（大于 90°）

C. 尖锥形（约 20°）　　D. 平顶的锥形

13. 采用直流钨极氩弧焊时，一般将钨极磨成________。

A. 圆柱形　　B. 钝锥形（大于 90°）

C. 尖锥形（约 20°）　　D. 平顶的锥形

14. 氩弧焊前必须清理填充焊丝及工件坡口和坡口两侧表面至少________范围内的污染物。

A. 10 mm　　B. 20 mm

C. 30 mm　　D. 40 mm

15. 氩弧焊焊前去除油污和灰尘的有机溶剂不包括________。

A. 酒精　　B. 汽油

C. 丙酮　　D. 三氯乙烯

16. 焊缝两侧杂质如果不清除，会影响电弧稳定性，恶化焊缝成形，会导致形成一系列缺陷，但是不会形成的是________。

A. 气孔　　B. 未焊透

C. 夹杂　　D. 未熔合

17. 瓶装氩气的压力为________。

A. 15 MPa　　B. 25 MPa

C. 35 MPa　　D. 45 MPa

18. 手工钨极氩弧焊焊接钢材时，用来作为打底焊，故多选用直径为________的焊丝。

A. 0.8～1.2 mm　　B. 1.2～1.5 mm

C. 1.5～2.0 mm　　D. 2.0～2.5 mm

19. 手工钨极氩弧焊用的钨极是________极。

A. 纯钨　　B. 铈钨

C. 钍钨　　D. 锆钨

20. 手工钨极氩弧焊焊接铝合金采用直流反接是利用其________。

A. 熔深大的特点　　B. 许用电流大的特点

C. 阴极清理作用　　D. 电弧稳定的特点

21. 手工钨极氩弧焊直流反接、直流正接和交流三种电源接法中，采用相同直径的钨极，钨极发热量小而工件发热量大的是________。

A. 直流正接　　B. 直流反接

C. 交流　　D. 直流正接或交流

22. 手工钨极氩弧焊直流反接、直流正接和交流三种电源接法中，采用相同直径的钨极而钨极许用电流量大的是________。

A. 直流正接　　B. 直流反接

C. 交流　　D. 直流正接或交流

23. 钨极氩弧焊使用________时，阴极清理作用最为明显。

A. 直流电源正极性接法　　B. 直流电源反极性接法

C. 交流电源　　D. 脉冲电源

24. 在交流手工钨极氩弧焊焊接铝、镁及其合金时，因电弧燃烧时间长，易产生直流分量，因此可采取的消除措施不包括________。

A. 串联蓄电池　　B. 串联可变电阻

C. 串联电容　　D. 并联电阻

25. 中频脉冲氩弧焊电流的频率是________。

A. 1.1～10 Hz　　B. 10 Hz～1 kHz

C. 1～15 kHz　　D. >15 kHz

26. 钨极交流氩弧焊分为________两类。

A. 正弦波和矩形波　　B. 正弦波和余弦波

C. 余弦波和矩形波　　D. 正弦波和三角波

27. WSE-型交直流钨极氩弧焊机常用型号没有________。

A. WSE-160　　B. WSE-315

C. WSE-400　　D. WSE-500

28. WS-型钨极氩弧焊机常用型号没有________。

A. WS-200　　B. WS-250

C. WS-300　　D. WS-500

29. WSJ-型钨极交流氩弧焊机常用型号没有________。

A. WSJ-300　　B. WSJ-400-1

C. WSJ-500　　D. WSJ-500-1

30. 手工直流钨极氩弧焊机包括________。

A. WSJ-400　　B. WSJ-150

C. WS-400　　D. WSM-250

31. 自动钨极氩弧焊机包括________。

A. WSJ-400　　B. WS-400

C. WSE5-315　　D. WSE-500

32. 型号为“WSM-200”的氩弧焊机是________钨极氩弧焊机。

A. 手工交流　　B. 手工直流

C. 自动　　D. 手工脉冲

33. 钨极氩弧焊机在电流调节范围内，应保证电极与焊件间非接触的可靠引燃电弧，当电流在 40 A 以上时，应保证通氩气击穿间隙不小于________。

A. 1 mm　　B. 3 mm

C. 1 cm　　D. 1.5 cm

34. 氩弧焊时利用高频振荡器产生的高频高压（2 500～3 000 V、150～260 kHz）击穿钨极与工件之间间隙（3 mm左右）而引燃电弧的引弧方法称作________。

A. 短路引弧　　B. 高频引弧

C. 高压脉冲引弧　　D. 高压高频引弧

35. 氩弧焊时短路引弧是依靠钨极和引弧板或者工件之间接触引弧，其缺点不包括________。

A. 钨极损耗　　B. 钨极端部形状破坏

C. 工件夹钨　　D. 试件产生气孔

36. 氩弧焊时高压脉冲引弧是在钨极与工件之间加一高压脉冲，使两极间气体介质电离而引弧。脉冲幅值为大于或等于________。

A. 500 V　　B. 600 V

C. 700 V　　D. 800 V

37. 手工氩弧焊焊枪的作用不包括________。

A. 夹持钨极　　B. 传导焊接电流

C. 输出保护气体　　D. 启闭气路

38. 某一手工氩弧焊焊枪的型号为“QQ-85/100”，其中“100”表示的含义是________。

A. 额定焊接电流　　B. 出气角度

C. 额定功率　　D. 额定电压

39. 对手工氩弧焊焊枪的质量要求不包括________。

A. 质量轻　　B. 结构紧凑

C. 装拆维修方便　　D. 美观灵活

40. 钨极氩弧焊机的供气系统不包括________。

A. 减压阀　　B. 浮子流量计

C. 高频振荡器　　D. 电磁气阀

41. 热丝钨极氩弧焊填充焊丝与钨极的角度是________。

A. 10°～30°　　B. 20°～40°

C. 30°～50°　　D. 40°～60°

42. 当热丝钨极氩弧焊发生磁偏吹时，加热电流不超过焊接电流的60%，并且电弧摆动的幅度被限制在________左右。

A. 30°　　B. 20°

C. 50°　　D. 60°

43. 热丝氩弧焊焊机的组成部分不包括________。

A. 直流氩弧焊电源　　　　B. 送丝机构

C. 热丝　　　　　　　　　D. 控制协调机构

参考答案

一、判断题

1. × 2. √ 3. × 4. √ 5. √ 6. × 7. √ 8. × 9. ×
10. √ 11. √ 12. √ 13. √ 14. × 15. × 16. √ 17. √ 18. √
19. × 20. √ 21. × 22. √ 23. √ 24. × 25. √ 26. × 27. ×
28. √ 29. × 30. × 31. × 32. × 33. √ 34. √ 35. × 36. √
37. × 38. √ 39. √ 40. √

二、单项选择题

1. C 2. B 3. D 4. A 5. B 6. C 7. C 8. A 9. D
10. B 11. A 12. A 13. D 14. B 15. A 16. B 17. A 18. A
19. B 20. C 21. A 22. A 23. B 24. D 25. B 26. A 27. C
28. A 29. D 30. C 31. D 32. D 33. B 34. B 35. D 36. D
37. D 38. A 39. D 40. C 41. D 42. A 43. D

第5章　埋　弧　焊

考 核 要 点

理论知识考核范围	考核要点	重要程度
埋弧焊相关知识	1. 埋弧焊工作原理	★★
	2. 埋弧焊工艺特点	★★★
	3. 埋弧焊应用范围	★★
	4. 埋弧焊设备及其安全检查	★★★
	5. 埋弧焊安全操作规程	★
埋弧焊操作	1. 厚度 $\delta=8\sim12$ mm 低碳钢板或低合金板的船形埋弧焊	★★★
	2. 厚度 $\delta=8\sim12$ mm 低碳钢板对接平位埋弧焊（背部加衬垫）	★★★
	3. 质量检查	★

注：其中“重要程度”中，“★”为重要程度级别最低，“★★★”为重要程度级别最高。

重点复习提示

一、埋弧焊工艺特点

1. 工作原理

埋弧焊又称熔剂层下自动电弧焊。它是一种电弧在颗粒状焊剂层下燃烧的自动电弧焊接法，是目前仅次于焊条电弧焊的应用最广泛的一种焊接方法。

2. 工艺特点

（1）埋弧焊与焊条电弧焊相比的优点

1）效率高。埋弧焊时，焊丝从导电嘴伸出的长度较短，可以通过较大的电流，因而，使埋弧焊在单位时间内的熔化量显著增加。另外，埋弧焊的电流大、熔深也大的特点，保证了对较厚的焊件不开坡口也能焊透，可大大提高生产效率。

2）焊接接头质量好。埋弧焊工艺参数稳定，焊缝的化学成分和力学性能比较均匀。焊缝外形平整光滑，由于是连续焊接、中间接头少，所以不容易产生缺陷。

3）节约焊接材料和电能。由于熔深大，埋弧焊时可不开坡口或少开坡口，减少了焊缝中焊丝的填充量。这样既节约了焊丝和电能，又节省了由于加工坡口而消耗的金属。同时，由于熔剂的保护，金属的烧损和飞溅明显减少，完全消除了焊条电弧焊中焊条头的损失。另外，埋弧焊的热量集中，利用率高，在单位长度焊缝上所消耗的电能大大降低。

4）低劳动强度。焊接电弧在焊剂层下，没有弧光外露，产生的烟尘及有害气体较少。自动埋弧焊时，焊接过程机械化，操作简便，焊工的劳动强度比焊条电弧焊时大为减轻。

（2）埋弧焊与焊条电弧焊相比的缺点

1）适用于平焊或倾斜度不大的位置上焊接。

2）焊接设备较为复杂，维修保养的工作量大。对于单件或批量较小、焊接工作量并不太大的场合，辅助准备工作量所占比例增加，限制了它的应用。

3）适用于长焊缝的焊接。并且由于需要导轨行走，故对于一些形状不规则的焊缝无法焊接。

4）电流小于100 A时，电弧稳定性不好，不适合焊接薄板。

5）熔池较深，对气孔的敏感性较大。

6）焊工看不见电弧，不能判断熔池是否足够，不能判断焊道是否对正焊缝坡口，容易产生焊偏和未焊透，不能及时地调整焊接参数。

3. 应用范围

（1）焊缝类型和厚度

埋弧焊可用于对接、角接和搭接接头。埋弧焊可焊接的材料厚度范围很大。除了厚度5 mm以下的材料由于容易烧穿而用得不多外，较厚的材料可采用适当的坡口，采用多层焊的方法都可以焊接。

（2）材料的种类

埋弧焊可以焊接低碳钢、低合金钢、调质钢和镍合金，可焊接奥氏体耐蚀和耐热不锈钢。但是焊接时，要严格控制热输入，以免造成耐蚀性能的严重下降。紫铜可以采用埋弧焊和埋弧堆焊。但不适用于铝、钛等氧化性强的金属和合金。

二、埋弧焊设备

埋弧自动焊机按需要有各种不同形式。应用最为广泛的是MZ-1000型小车式埋弧自动焊机。MZ-1000型埋弧焊机主要用于粗丝埋弧焊。要求电源有陡降的外特性。主要由MZT-1000型自动行走小车、MZP-1000型控制箱和MZG-1000型直流弧焊电源三大部分组成，相互间由电缆线和控制线连接。

1. MZ-1250型自动行走小车

MZ-1250型自动行走小车是由机头、控制盒、焊丝盘、焊剂漏斗及小车等组成。

自动焊车上的送丝机构是由直流电机驱动，通过正齿轮和蜗杆、蜗轮两级减速，带动送丝轮送给焊丝。焊丝的压紧程度是由调节螺母、弹簧，调节送丝轮和轴距来实现的；行走机构是由小车电动机来驱动，经二级减速后，可前后行走。在车轮与第二级减速之间装有离合器，通过手柄操纵。

控制盘上装有焊接电流表，电弧电压表，电弧电压和焊接速度调节器，各种控制开关、按钮，“焊接”“空载”转换开关，焊车的“前后”和“停止”转换开关，焊接的“启动”“停止”转换开关，焊丝“向上”“向下”开关，焊接电流增加和减小按钮等。焊车的机头可根据需要进行调节，机头能左右旋转90°，向后倾斜的最大角度为45°，垂直方向位移85 mm，横向位移±30 mm。

2. 埋弧自动焊辅助设备

（1）埋弧自动焊焊接操作机

焊接操作机常称为焊机变位装置，主要功能是将焊机机头准确地送到待焊部位上，以给定的速度均匀的移动焊机。它与焊件变位装置配合使用，可以完成各种位置焊件的焊接。常用的变位装置有平台式、悬臂式和龙门式等几种。

（2）埋弧自动焊焊件变位装置

焊件变位装置主要有滚轮架和翻转机。它的作用是灵活、准确地旋转、倾斜、翻转焊件，使焊缝处于最佳位置，以达到提高劳动生产率和改善焊接质量的目的。

（3）埋弧自动焊焊缝成形装置

埋弧自动焊焊缝成形装置主要是指焊接衬垫。

1）埋弧焊常用焊接衬垫的种类。一般常用的焊剂垫有普通焊剂垫、气压焊剂垫、热固化焊剂垫、陶质衬垫、纯铜板垫等多种。

2）埋弧焊衬垫的作用。埋弧焊衬垫的作用在于将熔化的金属托住，防止其流失，并使焊缝的底部也得到圆滑过渡的良好成形。

三、埋弧焊安全操作规程

1. 注意选用容量恰当的弧焊电源、电源开关、熔断器及辅助装置，以满足通常为100%的满负载持续率的工作要求。

2. 按下启动按钮引弧前，应施放焊剂，以免引燃电弧。

3. 焊剂漏斗口相对于焊件应有足够高度，以免焊剂层堆高不足而造成电弧穿顶，变成明弧。

4. 操作场地应设有通风设施，以便及时排走焊剂施放时的粉尘及焊接过程中散发的烟尘和有害气体。

5. 当埋弧焊机发生电器部分故障时，应立即切断电源，及时通知电工修理。

辅导练习题

一、判断题（下列判断正确的请在括号中打“√”，错误的请在括号内打“×”）

1. 埋弧焊被称为熔剂层下自动电弧焊。（　）

2. 埋弧焊是一种电弧在颗粒状焊剂层下燃烧的自动电弧焊接方法，是目前应用最广泛的一种焊接方法。（　）

3. 埋弧焊焊接时，在焊接部位覆盖着一层焊剂，焊剂在常温下是导电的。（　）

4. 埋弧焊时，焊丝从导电嘴伸出的长度较长，故可以选用较大的电流。（　）

5. 埋弧焊的电流大、熔深也大的特点，保证了对较厚的焊件不开坡口也能焊透，可大大提高生产效率。（　）

6. 埋弧焊工艺参数稳定，焊缝的化学成分和力学性能却不太稳定。（　）

7. 埋弧焊焊缝外形平整光滑，由于是连续焊接、中间接头少，所以不容易产生缺陷。（　）

8. 由于熔深大，埋弧焊时必须开坡口，增加了焊缝中焊丝的填充量。（　）

9. 埋弧焊时由于熔深大，可不开坡口或少开坡口，减少焊缝中焊丝的填充量。这样既节约了焊丝和电能，又节省了由于加工坡口而消耗的金属。（　）

10. 埋弧焊时由于熔剂的保护，金属的烧损和飞溅明显减少，完全消除了焊条电弧焊中焊条头的损失。（　）

11. 埋弧焊的热量集中，利用率高，在单位长度焊缝上所消耗的电能大大增加。（　）

12. 埋弧焊的焊接电弧在焊剂层下，没有弧光外露，产生的烟尘及有害气体增加。（　）

13. 自动埋弧焊时，焊接过程机械化，操作简便，焊工的劳动强度比焊条电弧焊时大为减轻。（　）

14. 埋弧焊焊接设备较为简单，维修保养的工作量小。（　）

15. 埋弧焊对于单件或批量较小、焊接工作量并不太大的场合，辅助准备工作量所占比例增加，限制了它的应用。（　）

16. 埋弧焊适用于长焊缝的焊接，并且由于需要导轨行走，故对于一些形状不规则的焊

缝无法焊接。（　）

17. 埋弧焊时焊工看不见电弧，不能判定熔池是否足够，不能判断焊道是否对正焊缝坡口，容易产生焊偏和未焊透，不能及时地调整焊接参数。（　）

18. 埋弧自动焊后，未熔化的焊剂应作垃圾处理，不能回收利用。（　）

19. 埋弧焊常用于中厚板（6～60 mm）结构的长直焊缝与较大直径（≥205 mm）的环缝焊接。（　）

20. 埋弧自动焊，只有等速送丝一种方式。（　）

21. 等速送丝埋弧焊主要应用于细焊丝高电流密度焊接。（　）

22. 采用埋弧自动焊焊接低碳钢时，选用 HJ430，匹配 H08A。（　）

23. 埋弧自动焊在焊接工艺条件不变的情况下，焊件的装配间隙与坡口角度的增大，会使熔合比与余高增大，同时熔深增大。（　）

24. 工件厚度超过 12～14 mm 的对接接头，通常采用单面埋弧焊。（　）

25. 防止埋弧焊产生咬边的主要措施是调整焊丝位置和调整焊接规范。（　）

26. 埋弧焊时，高强度钢引弧板的尺寸应比普通钢引弧板的尺寸稍大。（　）

27. 埋弧焊衬垫的作用在于将熔化的金属托住，防止其流失，并使焊缝的底部也得到圆滑过渡的良好成形。（　）

28. 埋弧焊时，注意选用容量恰当的弧焊电源、电源开关、熔断器及辅助装置，以满足通常为 90%的满负载持续率的工作要求。（　）

29. 埋弧焊时，按下启动按钮引弧前，应施放焊剂，以免引燃电弧。（　）

30. 埋弧焊时，焊剂漏斗口相对于焊件应有足够高度，以免焊剂层堆高不足而造成电弧穿顶，变成明弧。（　）

31. 埋弧焊操作场地应设有通风设施，以便及时排走焊剂施放时的粉尘及焊接过程中散发的烟尘和有害气体。（　）

32. 当埋弧焊机发生电器部分故障时，应立即切断电源，焊工应及时修理。（　）

二、单项选择题（下列每题有 4 个选项，其中只有 1 个是正确的，请将其代号填写在横线空白处）

1. 埋弧焊是以________作为热源的机械化焊接方法。

A. 电弧　　B. 电子束

C. 激光　　D. 火炉

2. 焊剂的作用不包括________。

A. 保护电弧和熔池　　B. 冶金处理

C. 渗合金　　D. 填充金属

3. 埋弧焊适用于________位置焊接。

A. 平焊　　B. 横焊

C. 全　　D. 平焊和横焊

4. 埋弧焊电流小于________时，电弧稳定性不好，不适合焊接薄板。

A. 60 A　　B. 80 A

C. 90 A　　D. 100 A

5. 埋弧焊熔池较深，对________的敏感性较强。

A. 夹渣　　B. 气孔

C. 裂纹　　D. 未熔合

6. 埋弧焊可用于焊接的接头，说法错误的是________。

A. 对接　　B. 角接

C. 搭接　　D. 任意

7. 埋弧焊可焊接的材料厚度范围很大，除了厚度________以下的材料由于容易烧穿而用得不多外，较厚的材料可采用适当的坡口，采用多层焊的方法都可以焊接。

A. 2 mm　　B. 3 mm

C. 4 mm　　D. 5 mm

8. 埋弧焊可以焊接的材料，说法错误的是________。

A. 低碳钢　　B. 低合金钢

C. 调质钢　　D. 铝合金

9. 埋弧自动焊前，先把焊剂铺撒在焊缝上________厚。

A. 1～2 mm　　B. 5～10 mm

C. 10～20 mm　　D. 40～60 mm

10. 埋弧自动焊的优点不包括________。

A. 生产效率高　　B. 可短焊缝焊接

C. 焊接质量好　　D. 劳动条件好

11. 埋弧自动焊与手工电弧焊相比，其焊接电流________。

A. 大　　B. 相同

C. 小　　D. 不确定

12. 埋弧自动焊时，无论是 Y 形坡口还是 I 形坡口，在正常焊接条件下，熔深与焊接电流的关系是________。

A. 不受其影响　　B. 成反比

C. 成正比　　D. 导数关系

13. 高效埋弧自动焊方法中不包括________埋弧焊。

A. 多丝　　B. 单丝

C. 带状电极　　D. 窄间隙

14. 可用较大电流，速度高，质量好，特别适合于焊接大型工件直缝和环缝的焊接方法是________。

A. 焊条电弧焊　　B. 埋弧焊

C. 钨极气体保护焊　　D. 等离子弧焊

15. 罐壁板与底板的内外环角缝，采用________焊的焊接方法，焊接速度快，焊缝表面成形好。

A. 焊条电弧　　B. 埋弧

C. CO_2气体保护　　D. 气电立

16. 等速送丝埋弧焊应用于________电流密度的焊接。

A. 粗焊丝低　　B. 细焊丝高

C. 粗焊丝高　　D. 细焊丝低

17. 变速送丝埋弧焊应用于________电流密度的焊接。

A. 粗焊丝低　　B. 细焊丝高

C. 粗焊丝高　　D. 细焊丝低

18. 多丝埋弧焊应用于________的焊接。

A. 常规对接、角接　　B. 高生产率对接、角接

C. 螺旋焊管等对接　　D. 耐磨耐蚀合金堆焊

19. H1Cr17 是________焊丝。

A. 低合金钢　　B. 低合金高强钢

C. 不锈钢　　D. 低碳钢

20. 低合金结构钢及低碳钢埋弧自动焊可采用________锰高硅焊剂与低锰焊丝相配合。

A. 低　　B. 中

C. 高　　D. 无

21. 高锰焊丝包括________。

A. H08MnA　　B. H08A

C. H10Mn2　　D. H08MnSi

22. 20～30 mm 厚钢板埋弧焊时应选择的坡口形式为________。

A. I 形　　B. U 形

C. Y 形　　D. X 形

23. 埋弧自动焊时，若其他工艺参数________，焊件的装配间隙与坡口角度减小，则会使熔合比增大，同时熔深将减小。

A. 增大　　B. 减小
C. 不变　　D. 不变或减小

24. 埋弧焊的坡口要求加工精度较高，坡口角度的允差为________。

A. ≤±10°　　B. ≥±10°
C. ≥±5°　　D. ≤±5°

25. 增大送丝速度则 MZ-1000 型自动埋弧焊机的焊接电流将________。

A. 增大　　B. 减小
C. 不变　　D. 波动

26. 等速送丝埋弧自动焊送丝速度减小，则焊接电流将________。

A. 减小　　B. 增大
C. 不变　　D. 波动

27. 埋弧自动焊时若不开坡口不留间隙对接单面焊，一次能熔透________以下的焊件。

A. 14 mm　　B. 20 mm
C. 30 mm　　D. 35 mm

28. 埋弧焊时对气孔敏感性大是因为________。

A. 焊剂使气体无法逸出　　B. 焊接电流大、熔池深
C. 熔池中气体无法逸出　　D. 焊剂造气量大

29. 防止埋弧焊产生咬边的主要措施是调整________位置和调整焊接规范。

A. 电容　　B. 电阻
C. 焊剂　　D. 焊丝

30. 防止埋弧焊产生未焊透的主要措施是调节________位置和调整工艺参数。

A. 电容　　B. 电阻
C. 焊剂　　D. 焊丝

31. 为了装配和固定焊件接头的位置而进行的焊接是________。

A. 根焊　　B. 打底焊
C. 定位焊　　D. 填充焊

32. 通常定位焊采用________焊焊接方法进行焊接。

A. 手弧　　B. 氩弧
C. 埋弧　　D. CO_2

33. 工件组对________直接影响到了埋弧焊的焊接质量，应严格控制。

A. 间隙　　B. 错边
C. 间隙和错边　　D. 位置

34. 埋弧自动焊的引弧方法不包括________引弧。
A. 尖焊丝　　B. 短路抽丝
C. 慢速刮擦　　D. 高压脉冲

35. 采用焊丝慢速刮擦引弧方法的埋弧焊机是________。
A. MZ-1-1000　　B. MZ1-1000
C. MZ-1000　　D. MZ-630

36. 埋弧焊时焊缝质量最差的部位常出现在________。
A. 引弧处　　B. 熄弧处
C. 接头处　　D. 填充层

参考答案

一、判断题

1. √	2. ×	3. ×	4. ×	5. √	6. ×	7. √	8. ×	9. √
10. √	11. ×	12. ×	13. √	14. ×	15. √	16. √	17. √	18. ×
19. √	20. ×	21. √	22. ×	23. ×	24. ×	25. √	26. √	27. √
28. ×	29. √	30. √	31. √	32. ×				

二、单项选择题

1. A	2. D	3. D	4. D	5. B	6. D	7. D	8. D	9. D
10. B	11. A	12. C	13. B	14. B	15. B	16. B	17. A	18. C
19. C	20. C	21. C	22. D	23. C	24. D	25. A	26. A	27. A
28. B	29. D	30. D	31. C	32. A	33. C	34. D	35. A	36. A

第6章　气　　焊

考核要点

理论知识考核范围	考核要点	重要程度
气焊相关知识	1. 气焊的原理、特点及应用	★★★
	2. 气焊材料、气焊火焰及主要焊接参数	★★★
	3. 气焊基本操作技术	★★★
	4. 气焊设备、工具及其安全检查	★★★
	5. 气焊安全操作规程	★
管径 ϕ<60 mm 低碳钢管的对接水平转动和垂直固定气焊	1. 管径 ϕ<60 mm 低碳钢管的对接水平转动气焊	★★★
	2. 管径 ϕ<60 mm 低碳钢管的对接垂直固定气焊	★★★
	3. 质量检查	★
小直径Ⅰ级钢筋的气压焊	1. 气压焊的原理及设备	★★★
	2. 钢筋气压焊工艺	★★★
	3. 气压焊设备、工具的安全检查及气压焊的安全操作规程	★★
	4. 小直径（ϕ16 mm）Ⅰ级钢筋气压焊的操作技能	★★★
	5. 质量检查	★

注：其中“重要程度”中，“★”为重要程度级别最低，“★★★”为重要程度级别最高。

重点复习提示

一、气焊的原理、特点及应用

1. 气焊原理

气焊是利用气体火焰做热源的焊接法。即利用可燃气体加上助燃气体，在焊炬里进行混合，并使它们发生剧烈的氧化燃烧，然后用氧化燃烧的热量去熔化工件接头部位的金属和焊丝，使熔化金属形成熔池，冷却后形成焊缝。最常用的是氧乙炔焊，氧乙炔焊是利用氧乙炔焰作为焊接热源进行焊接的方法。

2. 气焊的特点

（1）优点

1）由于填充金属的焊丝是与焊接热源分离的，所以焊工能够控制热输入、焊接区温度、焊缝的尺寸和形状。

2）由于气焊火焰种类是可调的，因此，焊接气氛的氧化性和还原性是可控制的。

3）设备简单、价格低廉、移动方便，实用性强。特别是在无电力供应的地区可以方便地进行焊接。

（2）缺点

1）生产率较低，除修理外不宜焊接较厚的工件。

2）因气焊火焰中氧、氢等气体与熔化金属发生作用，会降低焊缝性能。

3. 应用

目前在焊条电弧焊、气体保护焊、激光焊等先进的焊接方法迅速发展和广泛应用的情况下，气焊的应用范围越来越小，但在铜、铝等有色金属焊接领域仍有独特的优势。另外气焊常用于薄板黑色金属焊接。建筑、安装、维修及野外施工等没有电源的场所，无法进行电焊时常使用气焊。

二、气焊材料、气焊火焰及主要焊接参数

1. 气体

气焊用的气体有两类：助燃气体（氧气）；可燃气体（乙炔、液化石油气、氢气等）。

（1）氧气：氧气分子式为O_2。氧气本身不能燃烧，但它是一种活泼的助燃气体。

氧气的纯度对气焊、气割的质量和效率有很大的影响，因此，焊接用氧气纯度一般应不低于99.2%。

（2）乙炔：乙炔分子式为C_2H_2。乙炔是可燃气体，它与空气混合燃烧时所产生的火焰温度为2350℃，而与氧气混合燃烧时所产生的火焰温度可达3 000～3 300℃。因此，能够迅速熔化金属进行焊接与切割。

（3）液化石油气：液化石油气的主要成分是丙烷、丁烷、丙烯等碳氢化合物，在常压下以气态存在，在0.8～1.5 MPa压力下，可变为液态，便于装入瓶中储存和运输。

液化石油气的火焰温度比乙炔的火焰温度低，其在氧气中的燃烧速度慢，约为乙炔的1/3，其完全燃烧所需氧气量比乙炔所需氧气量大。

2. 气焊焊丝

焊丝的化学成分影响着焊缝质量。焊接低碳钢时常用焊丝牌号有 H08A、H08MnA 等，其直径一般为 2～4 mm。焊丝使用前应清除表面上的油、锈等污物，不允许使用不明牌号的焊丝进行焊接。

3. 气焊熔剂

气焊熔剂是焊接时的辅助熔剂。其作用是：保护熔池；减少有害气体侵入；去除熔池中形成的氧化物杂质；增加熔池金属的流动性。一般低碳钢气焊不必用焊剂。但在焊接有色金属、铸铁以及不锈钢等材料时，必须采用气焊熔剂。

4. 气焊火焰

（1）氧—乙炔火焰：乙炔与氧混合燃烧形成的火焰叫氧—乙炔火焰。氧—乙炔火焰的外形构造及温度分布是由氧气和乙炔混合的比值大小决定的。按比值大小的不同，可得到性质不同的三种火焰：碳化焰、中性焰和氧化焰。

（2）氧—液化石油气火焰：氧—液化石油气火焰的构造同氧—乙炔火焰基本一样，也分为碳化焰、中性焰和氧化焰三种。由于液化石油气的着火点较高，使得点火较乙炔困难，必须用明火才能点燃。氧—液化石油气火焰的温度比氧—乙炔火焰略低，可达 2 800～2 850℃。

5. 气焊的主要焊接参数

（1）焊丝直径：焊丝直径要根据工件的厚度来选择。如果焊丝过细，则焊丝熔化太快，熔滴滴在焊缝上，容易造成熔合不良和焊波高低不平，降低焊缝质量。如果焊丝过粗，为了熔化焊丝，则需要延长加热时间，从而使热影响区增大，容易产生过热组织，降低接头质量。

（2）火焰种类：火焰种类主要是根据工件的材质来选的。

（3）火焰能率：火焰能率是以每小时混合气体的消耗量（L/h）来表示的。火焰能率的大小要根据工件的厚度、材料的性质（熔点及导热性等）以及焊件的空间位置来选择。在实际工作中，视具体情况在允许范围内尽量采取较大一些的火焰能率，以提高生产率。火焰能率是由焊炬型号和焊嘴号码大小来决定的。焊嘴孔径越大，火焰能率也就越大；反之则越小。

（4）焊嘴的倾斜角度：焊嘴的倾斜角度（也叫焊嘴倾角）是指焊嘴与焊件间的夹角。焊嘴倾角的大小要根据焊件厚度、喷嘴的大小及施焊位置等来确定。焊嘴倾角大，则火焰集中，热量损失小，工件受热量大，升温快；焊嘴倾角小，则火焰分散，热量损失大，工件受热量小，升温慢。

（5）焊丝倾角：焊丝倾角是指在焊接过程中，焊丝与工件表面的夹角。一般这个倾角为

30°～40°，而焊丝相对焊嘴的角度为 90°～100°。

（6）焊接速度：焊接速度直接影响生产率和产品质量。焊接速度是焊工根据自己的操作熟练程度来掌握的。一般来说，对于厚度大、熔点高的焊件，焊接速度要慢些，以避免产生未熔合的缺陷；而对于厚度薄、熔点低的焊件，焊接速度要快些，以避免产生烧穿和使焊件过热而降低焊接质量。

三、气焊基本操作技术

1. 左焊法和右焊法

（1）左焊法：焊丝和焊炬都是从焊缝的右端向左端移动，焊丝在焊炬的前方，火焰指向焊件金属的待焊部分，这种操作方法叫作左焊法。

（2）右焊法：焊丝与焊炬从焊缝的左端向右端移动，火焰指向已焊好的焊缝，焊炬在焊丝前面，这种操作方法叫右焊法。

2. 焊炬和焊丝的常见摆动方法

在焊接过程中，为了获得优质而美观的焊缝，焊炬与焊丝应做均匀协调的摆动。通过摆动，既能使焊缝金属熔透、熔匀，又避免了焊缝金属的过热和过烧。在焊接某些有色金属时，还要不断地用焊丝搅动熔池，以促使熔池中各种氧化物及有害气体的排出。焊炬和焊丝的摆动方法与摆动幅度，同焊件的厚度、性质、空间位置及焊缝尺寸有关。

3. 焊缝的起焊、接头和收尾

起焊时，焊嘴倾角应大些，当起焊处形成白亮的熔池时，才开始添加焊丝，使焊接过程转入正常化。在焊接过程中，接头时与前焊道要重叠 5～10 mm，重叠焊道要少加或不加焊丝，以保证焊缝高度合适及圆滑过渡。当焊接至焊缝的终点时，应减小焊炬与焊件的倾角，同时要加快焊接速度并多加一些焊丝，以防止焊件烧穿。待终点熔池填满后，火焰才可慢慢离开熔池。

四、气焊设备、工具及其安全检查

1. 气瓶

（1）氧气瓶

氧气瓶是存储和运输氧气的一种高压容器。目前，工业中最常用的氧气瓶的规格是：容积为 40 L，当工作压力为 15 MPa 时，储存 6 m^3 氧气。氧气瓶外表面涂天蓝漆，并用黑漆写上“氧”字。

（2）乙炔瓶

乙炔瓶又称溶解乙炔瓶，乙炔瓶是一种储存和运输乙炔的压力容器。乙炔瓶瓶内装有浸满了丙酮的多孔性填料。使用时，溶解在丙酮内的乙炔就分解出来，而丙酮仍留在瓶内。生产中最常用的乙炔瓶的规格为：容积为 40 L，充装丙酮为 13.2～14.3 kg，充装乙炔量为 6.2～7.4 kg，为 5.3～6.3 m^3。乙炔瓶外表面涂白色漆，并用红漆写上“乙炔不可近火”字样。

（3）液化石油气瓶

液化石油气钢瓶按用户用量及使用方式，气瓶容量分为 15 kg、20 kg、30 kg、50 kg 等多种。一般民用大多为 15 kg，工业上目前常采用 30 kg。气瓶最大工作压力为 1.6 MPa，水压试验的压力为 3 MPa。气瓶外表面涂银灰色漆并用红漆写有“液化石油气”字样。

2. 减压器

减压器又称为压力调节器，它是将高压气体降为低压气体的调节装置。例如，把氧气瓶内的 15 MPa 高压气体减压至 0.1～0.3 MPa 的工作压力，供焊接或切割时使用。减压器同时还有稳压作用，使气体的工作压力不随气瓶内的压力减小而降低。

（1）氧气减压器

氧气减压器的品种很多，有单级和双级的，有正作用式和反作用式的。目前氧气瓶上经常使用的减压器为 QD-1 型单级反作用式减压器。

（2）乙炔减压器

由于乙炔瓶阀的阀体旁侧没有连接减压器的接头，所以必须使用带夹环的乙炔减压器。另外，由于氧—乙炔焰使用过程中会出现回火现象，在乙炔的通路上要安装回火防止器。

（3）液化石油气减压器

液化石油气减压器的作用也是将气体内的压力降至工作压力和稳定输出压力，保证供气量均匀。另外液化石油气减压器也可以直接使用丙烷减压器。

3. 焊炬

焊炬是可燃气体与氧气按一定比例混合燃烧形成稳定火焰的工具。按可燃气体与助燃气体混合方式不同，可分为射吸式和等压式两大类。目前，国内使用的焊炬多为射吸式。它的最大优点是使用低压乙炔也能使焊炬正常工作。

4. 气焊的设备、工具的安全检查

（1）气瓶

1）冬季使用时检查氧气瓶瓶阀是否产生冻结现象，如冻结只能用热水解冻。

2）使用前检查氧气瓶与乙炔瓶是否距离 5 m 以上，两瓶与明火作业的距离是否大于 10 m。

3）氧气瓶、乙炔瓶应竖立放稳，严禁卧放使用。

（2）减压器

1）工作前应检查减压器是否有油污，减压器的指针是否灵活准确。

2）检查乙炔减压器是否安装回火防止阀。

（3）焊炬

1）焊炬在使用前应先检查是否有吸射能力。

2）检查焊炬的气体通路不得沾有油脂，以防氧气遇到油脂引起燃烧爆炸。

五、管径 ϕ<60 mm低碳钢管的对接水平转动和垂直固定气焊

1. 选择合适的焊接参数。

2. 焊接前应将试件坡口及其正反两侧20 mm范围内和焊丝表面的氧化物、油污、铁锈、水分等脏物清除干净，直至露出金属光泽。

3. 组对间隙：1.5～2 mm；定位焊点两点，定位焊缝长度为6～10 mm。定位焊的位置要均匀对称分布，焊接时的起焊点应在两个定位焊缝的中间。

4. 对接水平转动打底焊采用左焊法，应始终控制在与管口水平中心线夹角50°～70°的范围内进行焊接。在焊接过程中，填充焊丝的同时，焊嘴应做小幅度的横向摆动并向前均匀移动，熔滴的大小要掌握合适。

5. 对接水平转动盖面焊时，先将起焊处适当加热，当形成熔池后开始填充焊丝，施焊时焊嘴做横向摆动的幅度应比打底焊时稍大些，收尾时起点与终点焊缝应重叠5～10 mm。

6. 对接垂直固定气焊采用右焊法焊接，火焰能率与焊接一般工件相同或稍小。火焰性质为中性焰。焊嘴倾角与管道轴向夹角约为80°，焊炬倾角与管道切线方向的夹角约为60°，焊丝与管子轴线方向的夹角约为90°。

7. 焊接过程中，始终在熔池前保持一个熔孔。施焊中焊炬不做横向摆动，而只在熔池和熔孔做轻微地前后摆动，以控制熔池温度。焊丝始终浸在熔池中，不停地以“r”形往上挑动金属熔液，挑动范围不要超过管道对口下部坡口的1/2处，要在坡口范围内上下挑动焊丝，否则容易造成熔滴下垂现象。

8. 焊缝需要一次焊成，焊接速度不可太快，必须将焊缝填满，并要有一定的余高。

六、气压焊的原理及设备

1. 气压焊是用氧燃气加热结合区并加压使整个结合面焊接的方法。即用气体火焰将待焊金属工件端面整体加热至塑性或熔化状态，同时施加一定压力和顶锻力，使工件焊接在一起。气压焊可分为塑性气压焊和熔化气压焊。气压焊可焊接碳素钢、合金钢以及多种有色金属，也可焊接异种金属。

2. 气压焊的设备包括：供气装置、加热器、加压器、焊接夹具及辅助设备。

七、钢筋气压焊工艺

1. 钢筋端头应平整，和轴线成直角，不得有弯曲，以使对接装配后不留间隙。此外，应清除钢筋端面及端头 100 mm 范围内的锈蚀、油污、水泥等，并用角向磨光机打磨端头并倒角露出金属光泽，没有氧化现象，打磨钢筋时应在当天进行，防止打磨后再生锈。

2. 钢筋气压焊，一般用还原焰和中性焰两种。即当开始加压和焊接时，使用还原焰，而当钢筋端面达到一定温度并发生一定塑性变形，即顶锻消除了装配间隙从而使两钢筋端面完全接触闭合后，再将火焰调整为中性焰。

3. 焊接温度一般为 1 200～1 250℃，加热区金属呈炽白颜色。

4. 顶锻方法有三种，即恒压顶锻法、两段顶锻法和三段顶锻法。恒压和两段顶锻法主要适合于焊接高炉钢筋；电炉钢筋宜采用三段顶锻法。对于直径为 28 mm 的钢筋，利用两段顶锻法，既可减少对夹头的损耗，也能减轻焊工的劳动强度。而较粗的钢筋例如直径为 32～40 mm 时，宜采用三段顶锻法。

八、小直径（ϕ16 mm）Ⅰ级钢筋气压焊的操作技能

1. 主要焊接参数：火焰种类、恒压顶锻压力、加热温度、焊接时间。

2. 操作步骤：试件打磨及清理、试件组对、焊接、焊后清理。

辅导练习题

一、判断题（下列判断正确的请在括号中打“√”，错误的请在括号内打“×”）

1. 气焊是利用气体火焰做热源的焊接方法。（　）

2. 气焊是利用可燃气体加上助燃气体，在焊炬里进行混合，并使它们发生剧烈的化学燃烧，然后用化学燃烧的热量去熔化工件接头部位的金属和焊丝，使熔化金属形成熔池，冷却后形成焊缝。（　）

3. 氧乙炔焊是利用氧乙炔焰作为焊接热源进行焊接的方法。（　）

4. 由于气焊火焰种类是可调的，因此，焊接气氛的氧化性和还原性是不可控制的。（　）

5. 气焊火焰中氧、氢等气体与熔化金属发生作用，会提高焊缝性能。（　）

6. 气焊生产率较低，除修理外不宜焊接较厚的工件。（　）

7. 在焊接方法迅速发展和广泛应用的情况下，气焊在铜、铝等有色金属焊接领域仍有独特的优势。（　）

8. 气焊越来越少用于薄板黑色金属焊接。（　）

9. 建筑、安装、维修及野外施工等没有电源的场所，无法进行电焊时常使用气焊。（　）

10. 气焊用的气体有两类，即助燃气体（氧气）；可燃气体（乙炔、液化石油气、氮气等）。（　）

11. 氧气的纯度对气焊、气割的质量和效率有很大的影响，因此，焊接用氧气纯度一般应不低于 95%。（　）

12. 乙炔是可燃气体，它与空气混合燃烧时所产生的火焰温度为 3 300℃。（　）

13. 液化石油气的火焰温度比乙炔的火焰温度高，其完全燃烧所需氧气量比乙炔所需氧气量小。（　）

14. 液化石油气在 0.8～1.5 MPa 压力下，可变为液态，便于装入瓶中储存和运输。（　）

15. 焊接低碳钢时常用焊丝牌号有 H08A、H08MnA 等，其直径一般为 1～2 mm。（　）

16. 气焊熔剂作用是保护熔池；减少有害气体侵入；去除熔池中形成的氧化物杂质；降低熔池金属的流动性。（　）

17. 低碳钢气焊必须用焊剂。（　）

18. 焊接有色金属、铸铁以及不锈钢等材料时，必须采用气焊熔剂。（　）

19. 氧—乙炔火焰的外形构造及温度分布是由氧气和乙炔混合的比值大小决定的。（　）

20. 由于液化石油气的着火点较高，使得点火较乙炔困难，必须用明火才能点燃。（　）

21. 气焊时，焊丝直径要根据工件的大小来选择。（　）

22. 气焊时，如果选择焊丝过细，则焊丝熔化太快，熔滴滴在焊缝上，容易造成熔合不良和焊波高低不平，降低焊缝质量。（　）

23. 气焊时，如果选择焊丝过粗，为了熔化焊丝，则需要延长加热时间，从而使热影响区增大，容易产生过热组织，降低接头质量。（　）

24. 气焊时，火焰种类主要是根据工件的厚度来选的。（　）

25. 火焰能率是以每分钟混合气体的消耗量（L/h）来表示的。（　）

26. 火焰能率的大小要根据工件的厚度、材料的性质（熔点及导热性等），以及焊件的空间位置来选择。（　）

27. 在实际工作中，视具体情况在允许范围内尽量采取较小一些的火焰能率。（　）

28. 火焰能率是由焊炬型号和焊嘴号码大小来决定的。（　）

29. 焊嘴倾角的大小要根据焊件厚度、喷嘴的大小及施焊位置等来确定。（　）

30. 焊嘴倾角大，则火焰集中，热量损失小，工件受热量大，升温慢。（　）

31. 焊丝倾角是指在焊接过程中，焊丝与工件表面的夹角。一般这个倾角为 50°～60°。（　）

32. 焊丝相对焊嘴的角度为 70°～80°。（　）

33. 焊接速度直接影响生产率和产品质量。（　）

34. 焊接速度是焊工根据自己的操作熟练程度来掌握的。（　）

35. 一般说来，对于厚度大、熔点高的焊件，焊接速度要慢些，以避免产生未熔合缺陷。（　）

36. 在焊接过程中，焊炬与焊丝应做均匀协调的摆动。通过摆动，既能使焊缝金属熔透、熔匀，又避免焊缝金属的过热和过烧。（　）

37. 在焊接某些有色金属时，要不断地用焊丝搅动熔池，以促使熔池中各种氧化物及有害气体的排出。（　）

38. 焊炬和焊丝的摆动方法与摆动幅度，同焊件的厚度、性质、空间位置及焊缝尺寸有关。（　）

39. 气焊起焊时，焊嘴倾角应小些，当起焊处形成白亮的熔池时，才开始添加焊丝，使焊接过程转入正常化。（　）

40. 气焊在焊接过程中，接头时与前焊道要重叠 2～3 mm，重叠焊道要少加或不加焊丝，以保证焊缝高度合适及圆滑过渡。（　）

41. 气焊当焊接至焊缝的终点时，应增大焊炬与焊件的倾角，同时要加快焊接速度并多加一些焊丝，以防止焊件烧穿。（　）

42. 氧气瓶是存储和运输氧气的一种低压容器。（　）

43. 工业中最常用的氧气瓶当工作压力为 15 MPa 时，储存 6 m^3 氧气。（　）

44. 氧气瓶外表面涂天蓝漆，并用黑漆写上“氧”字。（　）

45. 乙炔瓶瓶内装有浸满了丙酮的多孔性填料。使用时，溶解在丙酮内的丙酮就分解出来，而乙炔仍留在瓶内。（　）

46. 乙炔瓶可充装丙酮 13.2～14.3 kg，充装乙炔量 6.2～7.4 kg，为 5.3～6.3 m^3。（　）

47. 乙炔瓶外表面涂白色漆，并用黑漆写上“乙炔不可近火”字样。（　）

48. 液化石油气钢瓶按用户用量及使用方式分为多种规格，工业上目前常采用 15 kg。（　）

49. 液化石油气气瓶外表面涂白色漆并用红漆写有“液化石油气”字样。（ ）

50. 减压器可以把氧气瓶内的 15 MPa 高压气体减压至 0.1～0.3 MPa 的工作压力，供焊接或切割时使用。（ ）

51. 氧气瓶上经常使用的减压器为 QD-1 型单级正作用式减压器。（ ）

52. 减压器同时还有稳压作用，使气体的工作压力不随气瓶内的压力减小而降低。（ ）

53. 由于乙炔瓶阀的阀体旁侧没有连接减压器的接头，所以必须使用带夹环的乙炔减压器。（ ）

54. 液化石油气减压器也可以直接使用丙烷减压器。（ ）

55. 焊炬是可燃气体与乙炔按一定比例混合燃烧形成稳定火焰的工具。（ ）

56. 焊炬按可燃气体与助燃气体混合方式不同，可分为射吸式和等压式两大类。（ ）

57. 射吸式焊炬的最大优点是使用高压乙炔也能使焊炬正常工作。（ ）

58. 冬季使用时检查氧气瓶瓶阀是否有冻结现象，如果冻结只能自然解冻。（ ）

59. 使用前检查氧气瓶与乙炔瓶是否距离 5 m 以上，两瓶与明火作业的距离是否大于 5 m。（ ）

60. 氧气瓶、乙炔瓶应竖立放稳，严禁卧放使用。（ ）

61. 减压器上沾有油脂、污物等时会影响其使用。减压器上不得沾有油脂、污物等，如有油脂，必须在擦拭干净后才能使用。（ ）

62. 乙炔减压器可以不安装回火防止阀。（ ）

63. 焊炬在使用前应先检查焊炬是否有吸射能力。（ ）

64. 焊炬的气体通路不得沾有油脂，以防氧气遇到油脂引起燃烧爆炸。（ ）

65. 安装减压器前，应先打开瓶阀吹掉瓶口内的灰尘，人应站在瓶口一侧。（ ）

66. 乙炔气瓶使用前要直立 15 min 后方可使用。（ ）

67. 露天作业时遇有八级以上大风或下雨时应停止焊接作业。（ ）

68. 气压焊是用气体火焰将待焊金属工件端面整体加热至塑性或熔化状态，同时施加一定压力和顶锻力，使工件焊接在一起。（ ）

69. 气压焊不能用于焊接异种金属。（ ）

70. 塑性气压焊加热的特点是金属没有达到熔点，即加热到塑性状态，焊后接头没有铸态金相组织。（ ）

71. 采用氧液化石油气火焰加热气压焊时，需要配备梅花状喷嘴的多嘴环管加热器。（ ）

72. 低碳钢的气压焊，一般采用氧化焰。（ ）

73. 电炉钢筋气压焊宜采用恒压和两段顶锻法。　（　）

74. 气压焊当风速超过三级（5.4 m/s）时，必须采取有效的挡风措施，才能焊接。　（　）

75. 钢筋气压焊镦粗长度不够的原因是加热温度不够。　（　）

二、单项选择题（下列每题有 4 个选项，其中只有 1 个是正确的，请将其代号填写在横线空白处）

1. 气焊时，由于填充金属的焊丝是与焊接热源分离的，所以焊工不能够控制________。

A. 热输入量　　B. 焊接区温度
C. 焊接变形　　D. 焊缝的尺寸和形状

2. 气焊的优点不包括________，特别是在无电力供应的地区可以方便地进行焊接。

A. 设备简单　　B. 价格低廉
C. 移动方便　　D. 焊接变形小

3. 在焊接方法迅速发展和广泛应用的情况下，应用范围越来越小的是________。

A. 焊条电弧焊　　B. 气体保护焊
C. 激光焊　　D. 气焊

4. 氧气的分子式为________。

A. H_2　　B. O_2
C. CO_2　　D. CO

5. 气焊与气割中所使用的氧气，其一级纯度不低于________。

A. 98.5%　　B. 97.5%
C. 99.5%　　D. 95%

6. 氧气是一种________。

A. 化学性质稳定的气体　　B. 可燃烧气体
C. 阻燃气体　　D. 助燃气体

7. 乙炔的分子式为________。

A. H_2　　B. C_2H_2
C. CH_2　　D. C_2H_6

8. 乙炔与氧气混合点燃，其火焰温度可达________℃。

A. 2 000～2 350　　B. 2 350～2 500
C. 2 500～3 000　　D. 3 000～3 300

9. 乙炔气体的性质不包括________。

A. 乙炔与空气混合点燃有可能会爆炸

B. 乙炔是一种可燃气体

C. 乙炔燃烧产生大量的热

D. 乙炔与空气混合一定会爆炸

10. 液化石油气与________混合能爆炸。

A. 氮气　　B. 氧气

C. 氩气　　D. 氦气

11. 液化石油气在常温和常压下以________形式存在。

A. 固态　　B. 液态

C. 气态　　D. 固液混合态

12. 液化石油气火焰温度为________℃。

A. 2 000～2 700　　B. 2 700～3 200

C. 1 500～2 000　　D. 5 500～6 000

13. 液化石油气的主要成分是碳氢化合物，不包括________。

A. 甲烷　　B. 丙烷

C. 丁烷　　D. 丙烯

14. 为了保证焊接质量，气焊丝应当满足________条件。

A. 其成分与焊件接近　　B. 其熔点相当高

C. 其表面可带有锈和油污　　D. 其表面涂一层药皮

15. 为了保证焊缝具有良好的力学性能，气焊丝必须符合一定的要求，其中不包括________。

A. 其熔点应高于焊件的熔点

B. 其化学成分应与焊件接近

C. 焊丝强度比母材金属强度高或等强度

D. 在熔化时避免熔池沸腾

16. 气焊时，焊缝的质量在很大程度上与气焊丝的________有关。

A. 导电性和长度　　B. 导电性和直径

C. 化学成分和质量　　D. 直径和长度

17. H08焊丝主要用于焊接________。

A. 合金钢　　B. 铸铁

C. 不锈钢　　D. 低碳钢

18. H10Mn2焊丝主要用于焊接________。

A. 低合金钢　　B. 铸铁

C. 不锈钢　　D. 铝合金

19. 重要的低碳钢焊件采用的焊丝有________。

A. H08、H08A　　B. H08Mn、H08MnA

C. H15Mn　　D. H15A

20. 对气焊熔剂的要求是________。

A. 有强烈的腐蚀作用　　B. 增大熔融金属黏度

C. 焊后熔渣易清除　　D. 降低焊丝与母材熔合度

21. 熔剂能减少熔化金属的________，使熔化的焊丝与母材更容易熔合。

A. 重力　　B. 磁场

C. 表面张力　　D. 密度

22. 使用气焊熔剂时的要求不包括________。

A. 焊前涂在待焊位置　　B. 焊前涂在焊丝上

C. 焊中填加到熔池中　　D. 焊后涂敷到焊缝表面

23. 气焊熔剂不能________。

A. 除去焊接坡口表面杂质　　B. 保护高温金属

C. 提高焊丝的熔化速度　　D. 补充有利元素

24. 气焊熔剂可以________。

A. 降低焊缝合金元素含量　　B. 使焊缝性能变差

C. 保护焊接熔池　　D. 增加焊缝的含硫量

25. 气焊熔剂的作用包括________。

A. 提高火焰温度　　B. 保护焊丝

C. 提高熔池金属黏度　　D. 使焊缝金属合金化

26. 气焊熔剂分为________两种。

A. 化学熔剂和物理熔剂　　B. 酸性熔剂和碱性熔剂

C. 酸性熔剂和物理熔剂　　D. 化学熔剂和碱性熔剂

27. 对气焊、气割火焰的要求不包括________。

A. 温度要足够高　　B. 火焰体积要小

C. 火焰具有氧化性　　D. 使焊缝金属不吸收氢

28. 对气焊、气割火焰的要求包括________。

A. 火焰体积要大，焰心要直　　B. 一般应具有氧化性

C. 温度要足够低　　D. 热量应集中，以便操作

29. 在焊接火焰中，________应用较广，可用于焊接合金钢、高合金钢、铝及铝合金。

A. 碳化焰　　B. 轻微碳化焰

C. 氧化焰　　D. 中性焰

30. 在氧化焰的内焰区域有________存在。

A. 自由碳　　B. 自由氧

C. 自由氢　　D. 自由氢与自由碳

31. 低碳钢焊接时应选用________。

A. 氧化焰　　B. 轻微氧化焰

C. 碳化焰　　D. 轻微碳化焰

32. 铸铁焊接时应选用________。

A. 氧化焰　　B. 轻微氧化焰

C. 碳化焰　　D. 轻微碳化焰

33. 用中性焰焊接低碳钢时，________。

A. 合金元素大量烧损　　B. 焊缝金属有增碳现象

C. 火花多，熔池沸腾　　D. 火花少，无沸腾现象

34. 当氧气与乙炔的比例________时，产生碳化焰。

A. 小于 1.2　　B. 小于 1

C. 小于 1.1　　D. 大于 1

35. 气焊时要根据焊接________来选择焊接火焰类型。

A. 焊丝材料　　B. 母材材料

C. 焊剂材料　　D. 气体材料

36. 火焰能率的物理意义是表示________可燃气体提供的能量。

A. 单位时间内　　B. 单位体积内

C. 单位数量内　　D. 单位质量内

37. 对于厚大焊件，应用________进行焊接。

A. 大火焰能率、高速度　　B. 大火焰能率、低速度

C. 小火焰能率、高速度　　D. 小火焰能率、低速度

38. 火焰能率是以________的消耗来表示的。

A. 每小时可燃气体（乙炔）　　B. 每小时氧气

C. 每分钟乙炔　　D. 每分钟氧气

39. 气焊基本操作方法中，左焊法是指焊接热源从接头右端向左端移动，并指向________。

A. 已焊部分　　B. 待焊部分

C. 熔池中间　　D. 熔池侧面

40. 气焊时，按焊炬移动方向分类的左焊法________。

A. 焊炬是从左向右焊　　B. 适用于焊薄板

C. 焊缝冷却较慢　　D. 操作方法较难掌握

41. 气焊时，按焊炬移动方向分类的右焊法________。

A. 焊炬是从左向右焊　　B. 焊炬是从右向左焊

C. 适用于焊薄板　　D. 焊缝冷却较快

42. 气焊低碳钢薄板时，火焰选用________。

A. 碳化焰　　B. 中性焰

C. 氧化焰　　D. 焰心

43. 中碳钢气焊应选用________。

A. 碳化焰左焊法　　B. 氧化焰右焊法

C. 中性焰右焊法　　D. 氧化焰左焊法

44. 氧气瓶在放置时应装上瓶帽，瓶帽的主要作用是________。

A. 美观　　B. 保护瓶阀

C. 防止漏气　　D. 防止爆炸

45. 40 L 氧气瓶在 15 MPa 的压力下，可储存常压下的氧气________。

A. 600 L　　B. 60 L

C. 6 000 L　　D. 60 000 L

46. 工业用氧气的纯度要求在________以上。

A. 99.2%　　B. 99.5%

C. 99.9%　　D. 99.99%

47. 溶解乙炔瓶内的气体严禁用完，当高压表读数为零，低压表读数为________ MPa 时应将瓶阀关紧。

A. 1～15　　B. 0.004 5～0.007

C. 0.003～0.004 5　　D. 0.01～0.03

48. 乙炔瓶的瓶底和瓶帽涂成________。

A. 天蓝色　　B. 黄色

C. 黑色　　D. 白色

49. 溶解乙炔瓶内的容量为 40 L，能溶解乙炔________。

A. 6～7 kg　　B. 8～10 kg

C. 10～12 kg　　D. 12～14 kg

50. 氧气瓶外表面涂________漆，并用黑漆写上“氧”字。

A. 天蓝色　　B. 黄色

C. 黑色　　D. 白色

51. 液化石油气气瓶外表面涂________漆，并用红漆写有“液化石油气”字样。

A. 天蓝色　　B. 银灰色

C. 黑色　　D. 白色

52. 双级减压器进行两级减压，第一级从高压减至________，第二级再减到1.5 MPa以内的工作压力。

A. 1～2 MPa　　B. 3～4 MPa

C. 4～5 MPa　　D. 5～6 MPa

53. 氧气瓶减压器外壳涂成________。

A. 红色　　B. 绿色

C. 黄色　　D. 蓝色

54. 焊炬有等压式和射吸式两种。有关这两种焊炬，________中压乙炔。

A. 等压式焊炬需要　　B. 都不需要

C. 射吸式焊炬需要　　D. 都需要

55. 焊炬中乙炔调节阀位于氧气调节阀的________。

A. 上前方　　B. 下后方

C. 正上方　　D. 正下方

56. 按作用原理的不同，回火保险器可以分为________两种。

A. 水压式和气压式　　B. 高压式和低压式

C. 正装式和倒装式　　D. 水封式和干式

57. 焊接前，应根据焊件的________选择适当的焊炬及焊嘴。

A. 材质　　B. 形式

C. 大小　　D. 厚度

58. 氧气减压器和乙炔减压器________。

A. 可以互换使用　　B. 不可以互换使用

C. 没有区别　　D. 有时可换用

59. 每个减压器上都装有________压力表。

A. 1块　　B. 2块

C. 3块　　D. 4块

60. 氧气压力表是________使用的。

A. 独立　　B. 配合减压器

C. 每块减压器上都　　D. 在有减压器时不必

61. 氧气瓶内有水被冻结时，应关闭阀门，________。

A. 用火焰烘烤使之解冻　　B. 用热水缓慢加热解冻

C. 对使用无影响　　D. 自然解冻

62. 乙炔发生器安装安全阀的作用是防止乙炔压力________。

A. 过高发生爆炸　　B. 过低发生爆炸

C. 过高发生泄漏　　D. 过低发生泄漏

63. 安全阀的维护项目不包括定期________。

A. 清洁，防止堵塞　　B. 检查安全阀是否漏气

C. 检查泄压保护膜　　D. 做排气试验

64. 氧气瓶是储存和运输氧气用的________。

A. 低压容器　　B. 中压容器

C. 高压容器　　D. 超高压容器

65. 氧气减压器能够保持________稳定。

A. 工作压力　　B. 零压力

C. 瓶压力　　D. 高压气体

66. 减压器具有________两个作用。

A. 减压和增压　　B. 增压和稳压

C. 减压和稳压　　D. 稳压和调压

67. 焊炬有射吸式和等压式两种，关于这两种焊炬的特点说法不正确的是________。

A. 等压式需中压乙炔　　B. 等压式不易发生回火

C. 射吸式只适合低压乙炔　　D. 国产焊炬均为射吸式

68. 射吸式焊炬的工作原理是利用喷射的射吸作用，使________混合，形成稳定的混合可燃气体。

A. 低压氧气与高压乙炔　　B. 高压氧气与低压乙炔

C. 高压氧气与高压乙炔　　D. 低压氧气与低压乙炔

69. 气压焊是用气体火焰将待焊金属工件端面整体加热至________，同时施加一定压力和顶锻力，使工件焊接在一起。

A. 塑性状态　　B. 熔化状态

C. 塑性和熔化状态　　D. 塑性或熔化状态

70. 气压焊可焊接________。

A. 低碳钢　　B. 低合金钢

C. 有色金属　　D. 以上都可以

71. 低碳钢塑性气压焊加热温度约为________。

A. 1 100℃　　B. 1 200℃

C. 1 300℃　　D. 1 400℃

72. 不同直径钢筋连接也可进行气压焊，但两钢筋直径差不得大于________。

A. 7 mm　　B. 9 mm

C. 11 mm　　D. 13 mm

73. 钢筋气压焊计算钢筋切割长度时，应考虑焊接接头的压缩量，每一接头的压缩量为一个焊接钢筋直径的________倍长度。

A. 1.2～1.4　　B. 1.1～1.3

C. 1.0～1.2　　D. 0.9～1.1

74. 钢筋气压焊，用________。

A. 还原焰　　B. 中性焰

C. 还原焰和中性焰　　D. 氧化焰和中性焰

75. ________顶锻法主要适合于焊接高炉钢筋。

A. 恒压　　B. 两段

C. 三段　　D. 恒压和两段

76. 气压焊较粗的钢筋（直径为32～40 mm）时，宜采用________顶锻法。

A. 恒压　　B. 两段

C. 三段　　D. 恒压和两段

77. 钢筋气压焊试件组对，钢筋安装后，应对钢筋轴向施加________的初压力顶紧。

A. 3～8 MPa　　B. 5～10 MPa

C. 7～12 MPa　　D. 9～14 MPa

78. 钢筋气压焊试件组对，钢筋安装后，两根钢筋之间的缝隙不得大于________。

A. 3 mm　　B. 5 mm

C. 7 mm　　D. 9 mm

79. 钢筋气压焊，随着时间的延续，使接缝处镦粗的直径为母材直径的________倍，停止加热。

A. 1.1～1.3　　B. 1.2～1.4

C. 1.2～1.5　　D. 1.4～1.6

80. 钢筋气压焊，随着时间的延续，镦粗的长度为母材直径的________倍，停止加热。

A. 1.1～1.3　　B. 1.2～1.4

C. 1.2～1.5　　D. 1.4～1.6

81. 钢筋气压焊，压接后，当钢筋温度降至________时，才能拆除压接器的钢筋夹具，过早拆除夹具容易产生弯曲变形。

A. 550～600℃　　B. 600～650℃

C. 650～700℃　　D. 700～750℃

82. 钢筋气压焊，钢筋表面严重烧伤的原因是________。

A. 火焰功率过大　　B. 加热时间过长

C. 加热器摆动不均　　D. 以上都是

83. 钢筋气压焊，两钢筋轴线相对偏心量不得大于钢筋直径的________倍，同时不得大于 4 mm。

A. 0.15　　B. 0.20

C. 0.25　　D. 0.30

84. 直径 16 mm 钢筋气压焊，恒压顶锻压力为________。

A. 25～30 MPa　　B. 30～35 MPa

C. 35～40 MPa　　D. 40～45 MPa

参考答案

一、判断题

1.√	2.×	3.√	4.×	5.×	6.√	7.√	8.×	9.√
10.×	11.×	12.×	13.×	14.√	15.×	16.×	17.×	18.√
19.√	20.√	21.×	22.√	23.√	24.×	25.×	26.√	27.×
28.√	29.√	30.×	31.×	32.×	33.√	34.√	35.√	36.√
37.√	38.√	39.×	40.×	41.×	42.×	43.√	44.√	45.×
46.√	47.×	48.×	49.×	50.√	51.×	52.√	53.√	54.√
55.×	56.√	57.×	58.×	59.×	60.√	61.×	62.×	63.√
64.√	65.√	66.×	67.×	68.√	69.×	70.√	71.√	72.×
73.×	74.√	75.×						

二、单项选择题

1.C	2.D	3.D	4.B	5.C	6.D	7.B	8.D	9.D
10.B	11.C	12.A	13.A	14.A	15.A	16.C	17.D	18.A

19. A　20. C　21. C　22. D　23. C　24. C　25. D　26. A　27. C
28. D　29. B　30. B　31. D　32. C　33. D　34. B　35. B　36. A
37. B　38. A　39. B　40. B　41. A　42. B　43. C　44. B　45. C
46. A　47. D　48. D　49. A　50. A　51. B　52. B　53. D　54. A
55. A　56. D　57. D　58. B　59. B　60. B　61. B　62. A　63. C
64. C　65. A　66. C　67. C　68. B　69. D　70. D　71. B　72. A
73. C　74. C　75. D　76. C　77. B　78. A　79. D　80. C　81. B
82. D　83. A　84. A

第7章　钎　　焊

考核要点

理论知识考核范围	考核要点	重要程度
钎焊相关知识	1. 钎焊的基本原理、分类、特点及应用	★★★
	2. 钎焊工艺	★★★
	3. 钎焊的焊接材料及钎剂	★★
	4. 手工火焰钎焊设备、工具及其安全检查	★★★
	5. 手工火焰钎焊安全操作规程	★
低碳钢及不锈钢板搭接手工火焰钎焊	1. 低碳钢板搭接手工火焰钎焊的操作准备	★★
	2. 不锈钢板搭接手工火焰钎焊的操作准备	★★
	3. 低碳钢板搭接手工火焰钎焊的操作步骤	★★★
	4. 不锈钢板搭接手工火焰钎焊的操作步骤	★★★
	5. 低碳钢及不锈钢板手工火焰钎焊钎缝质量检查	★★★

注：其中“重要程度”中，“★”为重要程度级别最低，“★★★”为重要程度级别最高。

重点复习提示

一、钎焊原理

钎焊是采用比母材熔点低的金属材料作钎料，将焊件和钎料加热到高于钎料熔点，低于母材熔点的温度，利用液态钎料润湿母材，填充接头间隙并与母材相互扩散实现连接焊件的方法。硬钎焊是使用硬钎料进行的钎焊；软钎焊是使用软钎料进行的钎焊。硬钎料是指熔点高于450℃的钎料；软钎料即熔点低于450℃的钎料。

钎焊的原理是利用液态钎料填充接头间隙并与母材相互作用，随后钎缝冷却结晶。

要使液态钎料填充接头间隙，必须具备一定的条件。此条件就是润湿作用和毛细作用。

1. 钎料的润湿作用

润湿是液相取代固相表面的气相的过程。按其过程特征可分为浸渍润湿、附着润湿和铺展润湿。

钎焊时，液态钎料对母材浸润和附着的能力称为润湿性。衡量液态钎料对母材润湿能力的大小，可用液相与固相接触时的接触角（润湿角）θ 的大小来表示，如图 7—1 所示。

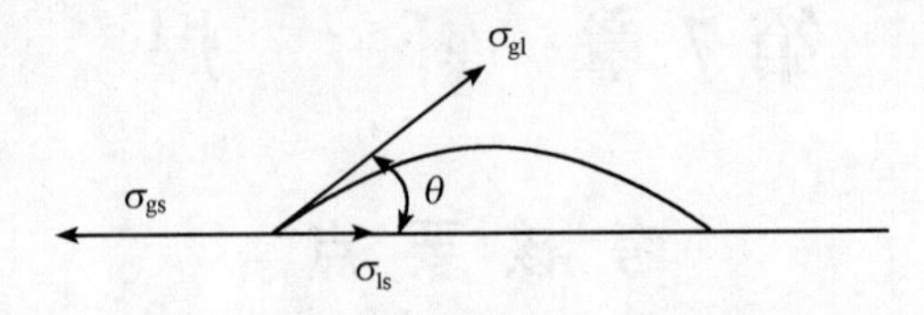

图 7—1　液滴在母材稳定时的接触角

g—气体　l—液体　s—固体　σ—界面张力（表面张力）　θ—接触角

当 $0° < \theta < 90°$时，液体能润湿固体；当 $90° < \theta < 180°$时，液体不能润湿固体；$\theta = 0°$时，表示液体完全润湿固体；$\theta = 180°$时，表示完全不润湿。实验表明，钎焊时，钎料的润湿角应小于 20°。

2. 毛细作用

在钎焊过程中，液态钎料一般不是单纯地沿固态母材表面铺展（铺展能力用铺展性来衡量，铺展性是指液态钎料在母材表面上流动展开的能力），而是流入并填充接头间隙，通常间隙很小，类似毛细管。钎料就是依靠毛细作用在间隙内流动的。显然，只有当液态钎料具有对母材很好的润湿能力时，才能实现填隙作用。

二、影响钎料毛细填缝的因素

1. 钎料和母材的成分

若钎料与母材能相互溶解或形成化合物，则液态钎料就能很好地润湿母材，例如，Ag 对 Cu、Sn 对 Cu；否则，它们之间的润湿作用就很差，例如，Ag 与 Fe、Pb 与 Cu。对于互不发生作用的钎料与母材可在钎料中加入能与母材形成固溶体或化合物等的第三类物质来改善其润湿作用。

2. 钎焊温度

钎焊温度是钎焊时为使钎料熔化填满钎缝间隙及与母材发生必要的相互扩散作用所需要的加热温度。随着加热温度的升高，钎料的润湿能力提高。但钎焊的温度不能过高，否则造成溶蚀、钎料流失和母材晶粒长大等现象。

3. 母材表面氧化物

在有氧化物的母材表面上，液态钎料往往凝聚成球状，不与母材发生润湿，也不发生填缝。所以，焊前必须充分清除钎料和母材表面的氧化物，以保证良好的润湿作用。

4. 母材表面粗糙度

钎料与母材作用较弱时，它在粗糙表面上纵横交错的细槽对液态钎料起特殊的毛细作用，促进了钎料沿母材表面的铺展。但对于与母材作用较强烈的钎料，由于这些细槽迅速被液态钎料溶解而失去作用，毛细现象不明显。

5. 钎剂

钎剂可以清除钎料和母材表面的氧化物，改善润湿作用。因此，选用适当的钎剂对提高钎料对母材的润湿作用是非常重要的。

6. 间隙

毛细填缝的长度或高度与间隙大小成反比，因此钎焊时一般间隙都较小。

7. 钎料与母材的相互作用

实际钎焊过程中，只要钎料能润湿母材，液态钎料与母材或多或少地发生相互溶解及扩散作用致使液态钎料的成分、密度、黏度和熔化温度区间等发生变化，将影响液态钎料的润湿及毛细填缝作用。

三、钎焊的分类

钎焊的分类方法很多，其主要分类方法如下：

1. 根据钎料熔点的不同分类

根据钎料熔点的不同，钎焊分为硬钎焊和软钎焊。此外，某些国家将钎焊温度超过900℃而又不使用钎剂的钎焊方法（如真空钎焊、气体保护钎焊）称作高温钎焊。

2. 按照钎焊的加热方法分类

（1）按热传导方式加热分为烙铁钎焊、火焰钎焊、浸渍钎焊和炉中钎焊等。

1）烙铁钎焊。用烙铁进行加热的软钎焊。

2）火焰钎焊。使用可燃气体与氧气（或压缩空气）混合燃烧的火焰进行加热的钎焊。

3）浸渍钎焊。将焊件或装配好钎料的焊件整体或局部浸沉在液态的钎料金属、浴槽或盐浴槽中加热进行的钎焊。

4）炉中钎焊。将装配好的工件放在炉中加热并进行钎焊的方法。

（2）按电加热种类分为电阻钎焊、感应钎焊、电弧钎焊等。

1）电阻钎焊。将焊件直接通以电流或将焊件放在通电的加热板上利用电阻热进行钎焊的方法。

2）感应钎焊。利用高频、中频或工频交流电感应加热所进行的钎焊。

3）电弧钎焊。利用电弧加热工件所进行的钎焊。

四、钎焊焊接参数

钎焊过程的主要焊接参数是钎焊温度和保温时间。

1. 钎焊温度

通常选高于钎料液相线温度25～60℃，以保证钎料能填满间隙，但有时也发生例外，如对某些结晶温度间隔宽的钎料，由于在液相线温度以下已有相当量的液相存在，具有一定的流动性，这时，钎焊温度可以等于或稍低于钎料液相线温度。

2. 钎焊保温时间

保温时间视工件大小、钎料与母材相互作用的剧烈程度而定。大件的保温时间应长些，以保证加热均匀。钎料与母材作用强烈的，保温时间应短。一般来说，一定的保温时间是促使钎料与母材相互扩散，形成牢固结合所必需的，但过长的保温时间会导致溶蚀等缺陷的产生。

五、对钎料的基本要求

1. 钎料具有合适的熔化温度范围，钎料的熔点应比母材的熔点低40～60℃，接头在高温下工作时，钎料的熔点应高于工作温度。

2. 钎焊时，钎料对母材应具有良好的润湿性，钎料与母材应具有相互扩散和溶解的能力，以保证它们之间形成牢固的钎焊接头。

3. 钎料应能满足钎焊接头的力学性能和物理、化学性能要求，如抗拉强度、导电性、耐蚀性及抗氧化性等。

4. 钎料的热膨胀系数应与母材相接近，以避免在钎缝中产生裂纹。

六、对钎剂的基本要求

1. 钎剂应能清除母材和焊料表面的氧化物。

2. 钎剂的熔点应低于钎料的熔点。

3. 钎剂在钎焊温度下应具有足够的润湿性。

4. 钎剂中各组分的气化温度应比钎焊温度高，以避免焊接时挥发而失去作用。

5. 钎剂及清除氧化物后的生成物，其密度应尽量小些，以利于上浮在焊件表面，避免形成夹渣。

6. 钎剂及其残渣对钎料及母材的腐蚀性要小。

7. 钎剂的挥发物应无毒性。

8. 钎焊后，钎剂及其残渣应当容易清除。

辅导练习题

一、判断题（下列判断正确的请在括号中打“√”，错误的请在括号内打“×”）

1. 钎焊时，焊件的加热温度较低，其组织和力学性能变化小，因而变形小。（　）

2. 在钎焊过程中，被焊母材不熔化，钎料的熔化温度比母材高。（　）

3. 钎焊可分为火焰钎焊、感应钎焊、炉中钎焊及真空钎焊等。（　）

4. 在钎焊过程中，能够填充接头间隙的条件就是具备润湿作用和毛细作用。（　）

5. 为使液态钎料能填充全部接头间隙，必须在装配钎焊接头时，保证间隙越大越好。（　）

6. 钎料与母材在液态和固态下，都不发生物理化学作用，则钎料与母材之间的润湿作用就很好。（　）

7. 钎焊时接头组对间隙过大有利于毛细作用。（　）

8. 钎焊过程中，若钎料与母材能够相互溶解或形成化合物，则液态钎料就能很好地润湿母材。（　）

9. 钎焊过程中，在有氧化物的母材表面上，比起无氧化物的清洁表面，与气体之间的界面张力要大得多，所以，液态钎料往往凝聚成球状。（　）

10. 钎焊过程中，当钎料与母材作用较弱时，母材粗糙表面上的细槽，能使钎焊过程顺利进行。（　）

11. 钎焊过程中，随着钎焊温度的升高，液态钎料与气体的界面张力减小，有助于提高钎料的润湿能力。（　）

12. 钎焊过程中，钎剂既可以清除钎料与母材表面的氧化物，又可以加大液态钎料的界面张力，改善润湿作用。（　）

13. 钎焊过程中，毛细填缝的长度（或高度）与间隙大小成正比。（　）

14. 钎焊用的软钎料的液相线温度低于 450℃。（　）

15. 选择钎剂时，应选沸点低于钎焊温度的钎剂。（　）

16. 钎焊时，如果钎剂过多，易产生夹渣。（　）

17. 钎料应有合适的熔化温度范围，至少应比母材的熔化温度范围低几十度。（　）

18. 钎焊过程中，钎剂中各组分的气化（蒸发）温度应比钎焊温度高。（　）

19. 钎焊过程中，钎剂以及清除氧化物后的生成物，其密度应当尽量大些。（　）

20. 钎焊时间应力求最长，以减少接触处的氧化。（　）

21. 低碳钢手工火焰钎焊时，为了防止锌的蒸发，加热速度应快些，钎焊温度不宜

过高。（　　）

22. 在钎焊时，焊件表面清理不干净，钎剂选择不正确，去膜能力弱，钎料在钎焊时产生过热，钎缝易形成气孔。（　　）

23. 不锈钢板搭接手工火焰钎焊时，应直接对钎料和钎剂加热。（　　）

24. 炉中钎焊一结束，应立即关闭扩散泵。（　　）

25. 炉中钎焊时，如果氢气突然中断，必须立即通氮气保护炉腔和焊件。（　　）

二、单项选择题（下列每题有4个选项，其中只有1个是正确的，请将其代号填写在横线空白处）

1. 硬钎焊过程中，钎料的液相线温度高于________。

A. 150℃　　B. 250℃

C. 350℃　　D. 450℃

2. 按照国家标准《钎料型号表示方法》（GB/T 6208—1995）规定，软钎料的英文字母用________表示。

A. S　　B. B

C. F　　D. G

3. 钎焊的焊缝中存在气孔，可能是________造成的。

A. 钎剂不足　　B. 钎料不足

C. 坡口表面清洗不干净　　D. 钎料晶粒粗大

4. 钎焊过程中，待钎剂熔化后，应立即将________与被加热到高温的焊件接触，利用焊件的高温使钎料熔化。

A. 火焰　　B. 钎剂

C. 焊件　　D. 钎料

5. 在钎焊过程中，产生钎缝未填满的主要原因是________。

A. 钎料漫流性不好　　B. 钎焊温度下保温时间太长

C. 钎缝金属过热　　D. 钎料固定时零件移动

6. 钎焊时将焊件和钎料加热到________的温度。

A. 介于钎料熔点和母材熔点之间　　B. 低于钎料熔点且高于母材熔点

C. 高于钎料和母材熔点　　D. 低于钎料和母材熔点

7. 银基钎料主要是银、________的合金。

A. 铜和锌　　B. 锡

C. 铅　　D. 锡和铅

8. 钎料中应用最广的一类硬钎料是________。

A. 银基钎料　　B. 铜锌钎料

C. 铜磷钎料　　D. 铝基钎料

9. 钎剂的作用是________。

A. 增大钎料的表面张力　　B. 清除钎料表面的氧化膜

C. 破坏钎料的润湿性　　D. 氧化钎料

10. 采用硬钎剂来焊接不锈钢时，应添加________。

A. 氟化物和硼化物　　B. 氯化锂

C. 氯化钾　　D. 氯化钠

11. QJ—101 是________。

A. 铜及铜合金用硬钎剂　　B. 铜及铜合金用软钎剂

C. 铝及铝合金用硬钎剂　　D. 铝及铝合金用软钎剂

12. 钎剂的选用原则是：________。

A. 钎剂熔点高于钎料熔点　　B. 钎剂应有很大的腐蚀性

C. 钎剂活性较强　　D. 钎剂沸点比钎焊温度高

13. 气体火焰钎焊应选用________。

A. 腐蚀性大的钎剂　　B. 导热性差的钎料

C. 导热性较好的钎料　　D. 不易去除的钎剂

14. 低温下工作的焊件应避免选择含________等有冷脆性作用的钎料。

A. 铁　　B. 银

C. 锡　　D. 镍

15. 钎焊是采用________的金属材料作钎料，利用液态钎料润湿母材金属，实现焊件连接的一种方法。

A. 比母材金属熔点高　　B. 与母材金属熔点相当

C. 比母材金属熔点低　　D. 较高熔点

16. 火焰钎焊是使用可燃气体与________混合燃烧的火焰进行加热的一种钎焊方法。

A. 氧气　　B. 氮气

C. 氢气　　D. 二氧化碳

17. 火焰钎焊的特点不包括________。

A. 受热温度低，变形小　　B. 接头平整光滑

C. 生产效率低　　D. 装配要求较高

18. 与其他焊接方法相比，钎焊的优点是________。

A. 焊后变形小　　B. 加热温度高

C. 焊件性能变化较大　　D. 不能焊异种金属

19. 松香主要用于________的钎焊。

A. 铜　　B. 铝

C. 钢　　D. 不锈钢

20. 银基钎料主要是________的合金。

A. 银、铜、铝　　B. 银、铜、锌

C. 银、磷、锌　　D. 银、锰、镍

21. 采用硬钎剂焊接________时，应添加氟化物和硼化物。

A. 合金钢　　B. 不锈钢

C. 低碳钢　　D. 高碳钢

22. 松香是钎剂中的一种，其类别属于________。

A. 非腐蚀性软钎剂　　B. 非腐蚀性硬钎剂

C. 腐蚀性软钎剂　　D. 腐蚀性硬钎剂

23. 银钎剂主要由________组成。

A. 氟化物和硼化物　　B. 硼砂

C. 氯化钾　　D. 氯化钙

24. 对碳钢进行钎焊时，常用钎焊接头的间隙在________范围内。

A. 0.02～0.2 mm　　B. 0.25～0.5 mm

C. 0.5～1 mm　　D. 0.5～5 mm

25. 钎焊时很少采用的接头形式是________。

A. 搭接　　B. 套接

C. 卷边接　　D. 对接

26. BG008 钎焊不锈钢时，应采用________钎剂。

A. 松香　　B. 氯化锌盐酸溶液

C. 氯化锌水溶液　　D. 铝

27. BG009 氧乙炔火焰钎焊用轻微碳化焰的________加热焊件。

A. 外焰　　B. 内焰

C. 焰心　　D. 内焰或焰心

28. BG009 钎焊过程中，母材与熔化的钎料之间的扩散过程是________扩散。

A. 只有母材向液态钎料　　B. 只有液态钎料向母材

C. 钎料与母材相互溶解　　D. 母材之间相互

29. BG009 钎焊厚薄不同的焊件时，预热火焰应指向________。

A. 厚件　　B. 薄件

C. 中间　　D. 中间或薄件

30. BG010 钎焊时，液态钎料与母材金属的浸润和附着的能力称为________。

A. 毛细作用　　B. 润湿性

C. 结合性　　D. 熔合性

31. BG010 钎料在粗糙表面的润湿性与在光滑表面的润湿性相比________。

A. 要好　　B. 要差

C. 不确定　　D. 相同

32. 纯铅对钢的润湿性很差，但铅中加入能与钢形成化合物的________后就能很好地改善其在钢表面的润湿性。

A. 锡　　B. 铜

C. 银　　D. 铝

33. 下面几种液体分别与玻璃产生润湿与铺展的效果中，________与玻璃产生的效果最好。

A. 水银　　B. 水

C. 煤油　　D. 柴油

34. 焊前清理时用洁净布蘸________将脏污擦掉，若脏污不易清理应停止使用，返回清洁工序做清洁处理。

A. 酒精　　B. 肥皂水

C. 水　　D. 汽油

35. 钎焊前应对焊接接头附近________用清洗剂进行清洁。

A. 10 mm　　B. 20 mm

C. 30 mm　　D. 40 mm

36. 软钎焊可采用________基钎料。

A. 铜　　B. 银

C. 铜磷银　　D. 锡铅

37. 下列________不属于钎剂的作用。

A. 去膜　　B. 保护

C. 防腐蚀　　D. 助流

38. 感应钎焊不能用于钎焊________等。

A. 碳素钢　　B. 不锈钢

C. 铜及铜合金　　D. 金属钛

39. 钎焊一次可焊________接头。

A. 一个　　B. 两个

C. 几个　　D. 多个

40. 将焊件直接通以电流或将焊件放在通电的加热板上利用电阻热进行钎焊的方法是________。

A. 感应钎焊　　B. 电阻钎焊

C. 炉中钎焊　　D. 火焰钎焊

41. 下列所列出的焊接方法中，属于钎焊的是________。

A. 熔化焊　　B. 激光焊

C. 高频感应焊　　D. 扩散焊

42. 液体对母材润湿能力的大小，可用液相与固相接触时的接触角大小来衡量，当接触角小于________时，液体可以润湿固体。

A. 20°　　B. 120°

C. 150°　　D. 180°

43. 钎焊过程中，________不属于钎料能够填充接头间隙的条件。

A. 润湿作用　　B. 毛细作用

C. 钎料熔化　　D. 钎焊接头间隙大

44. 松香钎剂只能在________以下使用，超过此温度将碳化失效。

A. 450℃　　B. 400℃

C. 350℃　　D. 300℃

45. 铝用有机钎剂，钎焊温度不得超过________，钎焊过程中，钎焊热源不准直接与钎剂接触。

A. 295℃　　B. 285℃

C. 275℃　　D. 265℃

参考答案

一、判断题

1. √　2. ×　3. √　4. √　5. ×　6. ×　7. ×　8. √　9. ×

10. √　11. √　12. ×　13. ×　14. √　15. ×　16. √　17. √　18. √

19. ×　20. ×　21. √　22. √　23. ×　24. ×　25. √

二、单项选择题

1. D	2. A	3. C	4. D	5. A	6. A	7. A	8. A	9. B
10. A	11. A	12. D	13. C	14. C	15. C	16. A	17. C	18. A
19. A	20. B	21. B	22. A	23. A	24. A	25. D	26. B	27. A
28. C	29. A	30. B	31. A	32. A	33. B	34. A	35. B	36. D
37. C	38. D	39. D	40. B	41. C	42. A	43. D	44. D	45. C

第8章　电　阻　焊

考核要点

理论知识考核范围	考核要点	重要程度
电阻焊相关知识	1. 电阻焊的原理和特点	★★★
	2. 电阻焊的优缺点	★
	3. 电阻焊设备分类及组成	★
	4. 电阻焊的工艺	★★★
	5. 电阻焊的安全操作规程	★★
低碳钢薄板的电阻点焊	1. 低碳钢薄板电阻点焊焊接注意事项	★★★
	2. 影响电阻点焊熔核偏移的因素	★★
	3. 焊缝质量检查	★
光圆钢筋或带筋钢筋的闪光对焊	1. 光圆钢筋的闪光对焊操作技能	★★
	2. 光圆钢筋或带筋钢筋的闪光对焊焊接注意事项	★★
	3. 常见焊接缺陷和消除措施	★★★
低碳钢薄板的电阻缝焊	1. 低碳钢薄板的电阻缝焊操作技能	★★★
	2. 低碳钢薄板的电阻缝焊注意事项	★★
	3. 影响缝焊质量的因素	★
	4. 电阻缝焊焊缝的质量检查	★
低碳钢电弧螺柱焊	1. 电弧螺柱焊原理、设备及工具	★★
	2. 电弧螺柱焊工艺	★★★
	3. 电弧螺柱焊安全操作规程及设备、工具的安全检查	★★
	4. 低碳钢螺柱焊操作技能	★★
	5. 低碳钢螺柱焊焊缝的质量检查	★★★

注：其中“重要程度”中，“★”为重要程度级别最低，“★★★”为重要程度级别最高。

重点复习提示

一、电阻焊相关知识

1. 电阻焊的原理与分类

电阻焊是利用电流通过焊件及其接触面所产生的电阻热，将焊件局部加热到塑性或熔化状态，并通过电极对焊接处加压完成金属结合的一种方法。电阻焊是压力焊中应用最广的一类焊接方法。

按工艺特点电阻焊可分为五类，即点焊、缝焊、凸焊、电阻对焊、闪光对焊。

2. 点焊焊接工艺参数

点焊焊接的工艺参数有：焊接电流、焊接时间、电极压力、电极工作断面的形状和尺寸等。

3. 点焊时的分流

焊接时不通过焊接区而流经焊件其他部分的电流为分流。同一焊件上已焊的焊点对正在焊的焊点就能构成分流；焊接区外焊接件的接触点也能引起分流。影响分流的因素有焊点距、焊接顺序、焊件表面状况、装配质量等。

消除和减少分流的措施有：

（1）选择合理的焊点距。在点焊接头设计时，应在保证强度的前提下尽量加大焊点的间距。

（2）严格清理被焊件表面。表面上的氧化膜、油垢等杂质使焊接区总电阻增大，使分流增大。

（3）提高装配质量。待焊处装配间隙大，其电阻增加，使分流增大，因此结构刚性较大或多层板组装时，应提高装配质量，减小装配间隙。

（4）连续点焊时，适当增大焊接电流，以补偿分流的影响，例如，对于不锈钢和耐热合金连续点焊时电流要增大 5%～10%。

4. 不等厚度和不同材料的点焊

当进行不等厚度或不同材料点焊时，熔核将不对称于其交界面，而是向厚板或导电、导热性差的一边偏移，偏移的结果将使薄件或导电、导热性好的工件焊透率减小，焊点强度降低。熔核偏移是由两工件产热和散热条件不相同引起的。厚度不等时，厚件一边电阻大、交界面离电极远，故产热多而散热少，致使熔核偏向厚件；材料不同时，导电、导热性差的材料产热易而散热难，故熔核也偏向这种材料。

调整熔核偏移的原则是：增加薄板或增加导电、导热性好的工件的产热而减少其散热，常用的方法有：

（1）采用硬规范。使工件间接触电阻产热的影响增大，电极散热的影响降低。电容储能焊机采用大电流和短的通电时间就能焊接厚度比很大的工件。

（2）采用不同接触表面直径的电极。在薄件或导电、导热性好的工件一侧采用较小直径，以增加这一侧的电流密度、减少电极散热的影响。

（3）采用不同的电极材料。薄板或导电、导热性好的工件一侧采用导热性较差的铜合金，以减少这一侧的热损失。

（4）采用工艺垫片。在薄件或导电、导热性好的工件一侧垫一块由导热性较差的金属制成的垫片（厚度为0.2～0.3 mm），以减少这一侧的散热。例如，不锈钢箔片可作铜、铝合金的点焊工艺垫片；低碳钢箔片可作黄铜的点焊工艺垫片。

5. 闪光对焊的工艺参数

（1）伸出长度。伸出长度是指焊件从静夹具或活动夹具中伸出的长度。可根据焊件的断面和材料性质来选择，一般棒材和厚壁管材为（0.7～1.0）D（D为直径或边长），板材为（4～5）t（t为板材的厚度，一般为1～4 mm）。

（2）闪光留量。考虑焊件因闪光而减短的预留长度，又称为烧化留量。闪光留量过小，会影响焊接质量，过大会浪费金属材料。应根据材料的性质、焊件的断面尺寸和是否采取预热等因素选择。通常闪光留量约占总留量的70%～80%，预热闪光焊时可以减小到总留量的1/3～1/2。

（3）闪光电流。闪光对焊时，闪光阶段通过焊件的电流为闪光电流，对焊件加热有重大影响。它与焊接方法、材料的性质和焊件的断面尺寸等有关，通常在较宽的范围内变化。

（4）闪光速度。在稳定闪光的条件下，焊件的瞬时接近速度，即动夹具的瞬时进给速度。闪光速度过大会使加热区过窄，增加塑性变形的困难。闪光速度应根据被焊材料的成分和性能、是否有预热等情况来考虑，导电、导热性好的材料闪光速度应较大。

（5）顶锻压力。是顶锻阶段施加给焊件端面上的力，常以顶锻压强来表示。顶锻压强的大小应保证能挤出接口内的液态金属，并在接头处产生一定的塑性变形。顶锻压力过小，则变形不足，接头强度下降；顶锻压力过大，则变形量过大，会降低接头冲击韧度。顶锻压力的选择与顶锻留量、顶锻速度、材料的性质等因素有关。

二、光圆钢筋或带筋钢筋闪光对焊常见的焊接缺陷和消除措施

1. 接头中有氧化膜、未焊透或夹渣

消除措施：

（1）加快临近顶锻时的烧化速度；

（2）确保带电顶锻过程；

（3）加快顶锻速度；

（4）增大顶锻压力。

2. 接头中有缩孔

消除措施：

（1）降低变压器级数；

（2）避免烧化过程过分强烈；

（3）适当增大顶锻留量及顶锻压力。

3. 焊缝金属过烧或热影响区过热

消除措施：

（1）减小预热程度；

（2）加快烧化速度，缩短焊接时间；

（3）避免过多带电顶锻。

4. 接头弯折或轴线偏移

消除措施：

（1）正确调整电极位置；

（2）修整电极钳口或更换已变形的电极；

（3）切除或矫直钢筋的弯头。

三、电弧螺柱焊原理、分类及设备工具

电弧螺柱焊是指在待焊螺柱与工件间引燃电弧，当螺柱与工件被加热到合适温度时，在外力作用下，螺柱送入工件上的焊接熔池形成焊接接头。根据焊接过程中所用焊接电源的不同，传统电弧螺柱焊可以分为普通电弧螺柱焊和电容储能电弧螺柱焊两种基本方法。

电弧螺柱焊机是由焊接电源、时间控制器、焊枪等部分组成。

电弧螺柱焊枪机械部分由夹持机构、电磁提升机构和弹簧加压机构三部分组成。电弧螺柱焊枪有手持式和固定式两种，其工作原理相同，手持式焊枪应用广泛。固定式焊枪是为某种特定产品设计的，被固定在支架上，在一定工位上完成焊接。

四、低碳钢螺柱焊焊接参数

1. 焊接电流和电压

焊接电压与焊接电流的关系是由焊接电源的静外特性决定的。焊接电流主要根据螺柱的

直径进行调节，为 300～3 000 A。对于非合金钢，在已知螺柱直径 d 时，可以用下式估算焊接电流：

$$I\ (\mathrm{A}) = 80 \times d\ (\mathrm{mm})\quad d \leqslant 16\ \mathrm{mm} \tag{1}$$

$$I\ (\mathrm{A}) = 90 \times d\ (\mathrm{mm})\quad d > 16\ \mathrm{mm} \tag{2}$$

对于合金钢，其焊接电流大约比上式计算值少 10%。

电弧电压主要取决于螺柱焊枪提升高度和焊接电流，其值一般为 20～40 V。焊接时，工件表面上的油或油脂会增加弧压，而惰性气体则会降低电弧电压。

2. 焊接时间

对于平焊（工件焊接平面平行于地平面），其焊接时间可用下式进行估算：

$$t_{\mathrm{w}}\ (\mathrm{s}) = 0.02 \times d\ (\mathrm{mm})\quad d \leqslant 12\ \mathrm{mm} \tag{3}$$

$$t_{\mathrm{w}}\ (\mathrm{s}) = 0.04 \times d\ (\mathrm{mm})\quad d > 12\ \mathrm{mm} \tag{4}$$

对于横焊（工件焊接平面垂直于地平面），其焊接时间应该减小。短周期焊接时间小于 100 ms，这不仅依赖于螺柱直径，而且还与电流强度有关。

3. 提升高度

焊柱的提升高度正比于螺柱的直径，为 1.5～7 mm。提升高度主要是为了防止熔滴过渡时造成短路而影响电弧的稳定性及焊缝质量。维持电弧的稳定，为焊接提供足够的能量至关重要。

4. 伸出长度

螺柱的伸出长度实际上是螺柱的熔化长度。此值若设计的过长，在螺柱提升后螺柱端面与工件之间的距离过短，使之无法形成稳定的电弧，造成大量的金属飞溅并出现夹渣缺陷；反之若螺柱伸出长度过短，金属熔化量不足，其焊缝成形肯定不良。

五、螺柱尺寸

1. 螺柱长度必须大于 20 mm 才能施焊。螺柱长度应由夹持长度、瓷环高度及焊接留量三部分组成。焊接时套入螺柱的瓷环一般在 10 mm 左右，焊接留量在 3～5 mm，其夹持长度为 5～6 mm。

2. 螺柱的直径一般大于 6 mm，小于 30 mm，否则焊接难度增大甚至难以采用电弧螺柱焊接方法。

3. 螺柱待焊底端多为锥形，也有圆形、方形或矩形，矩形螺柱端的宽厚比不大于 5。

辅导练习题

一、判断题（下列判断正确的请在括号中打“√”，错误的请在括号内打“×”）

1. 电阻焊一般采用低电压，大电流。（　）

2. 电阻焊焊接时，有时需要充保护气体。（　）

3. 电阻焊机的控制装置能同步控制通电和加压。（　）

4. 不同厚度材料点焊，熔核将向薄件偏移。（　）

5. 电阻焊机的脚踏开关必须有安全防护。（　）

6. 预热闪光对焊就是一个顶锻过程。（　）

7. 电阻缝焊时，电极压力对熔核尺寸的影响与点焊一致。（　）

8. 根据通电和工件运动方式的不同，可将缝焊分为连续缝焊、断续缝焊和步进缝焊三种类型。（　）

9. 硬规范就是指焊接时采用大焊接电流，小焊接时间参数。（　）

10. 顶锻阶段主要作用是加热焊件，清除焊件端面脏物和氧化物。（　）

11. 缝焊时，为了获得气密焊缝，熔核重叠量应不小于15%～20%。（　）

12. 开动点焊机前应先开放冷却水。（　）

13. 低碳钢电阻点焊作业时，气路、水路系统应通畅，排水温度不得超过80℃。（　）

14. 焊接材质不同是影响点焊熔核偏移的一个因素，熔核向导热性差的工件偏移。（　）

15. 焊点压痕深度一般为$\Delta=(0.1\sim0.15)t$，t为钢板的厚度（单位为mm）。（　）

16. 光圆钢筋闪光对焊时，两钢筋的端面形状和尺寸应相同。（　）

17. 光圆钢筋闪光对焊时，接头弯折或轴线偏移，应正确调整电极的位置，或矫直钢筋的弯头。（　）

18. 缝焊时可以不戴工作手套，穿绝缘鞋和防护眼镜等劳保用品。（　）

19. 长度为25 mm的螺柱不能施焊。（　）

20. 焊接电流、焊接时间、提升高度和伸出长度是电弧螺柱焊的4个重要焊接参数。（　）

21. 低碳钢螺柱焊时，装螺柱时不要按焊接按钮，也不要将焊枪对准身体的任何部位。（　）

22. 螺柱焊时，焊后可以立即拔枪。（　）

23. 当出现螺柱未插入焊件的问题时，可以增大焊枪弹簧的压力来解决。（　）

24. 螺柱焊时，如果未夹紧螺柱，会造成焊后螺柱不垂直于焊件表面。 （ ）

25. 通常凸焊的焊接时间比点焊长，而电流比点焊小。 （ ）

二、单项选择题（下列每题有4个选项，其中只有1个是正确的，请将其代号填写在横线空白处）

1. 电阻焊是利用________作为热源的焊接方法。

A. 电弧　　B. 气体燃料火焰

C. 化学反应热　　D. 电阻热

2. 电阻焊的特点是________。

A. 热影响区大　　B. 变形小，焊后无须热处理

C. 机械化程度低　　D. 设备简单，易于维修

3. 点焊不同厚度钢板的主要困难是________。

A. 分流太大　　B. 产生缩孔

C. 熔核偏移　　D. 容易错位

4. 不锈钢点焊采用的工艺参数为________、较短的焊接时间。

A. 小焊接电流、高电极压力　　B. 小焊接电流、低电极压力

C. 大焊接电流、高电极压力　　D. 大焊接电流、低电极压力

5. 铝合金采用的工艺参数为________。

A. 短时间、大电流　　B. 短时间、小电流

C. 长时间、大电流　　D. 长时间、小电流

6. 闪光对焊时，两工件的截面几何形状和轮廓尺寸应基本相同，对于圆柱体焊件，两对接焊件的直径差不超过________。

A. 10％　　B. 15％

C. 20％　　D. 30％

7. 连续闪光对焊由________和顶锻阶段组成。

A. 闪光阶段　　B. 预热阶段、闪光阶段

C. 预热阶段　　D. 后热阶段

8. 缝焊所利用的热源是________。

A. 电弧热　　B. 电阻热

C. 摩擦热　　D. 化学反应热

9. 工件在两个旋转的滚轮电极间通过后，形成一条焊点前后搭接的连续焊缝的电阻焊方法是________。

A. 点焊　　B. 缝焊

C. 凸焊　　D. 对焊

10. 电阻缝焊时，主要通过________控制熔核尺寸。

A. 焊接时间　　B. 休止时间

C. 焊接速度　　D. 焊接电流

11. 电阻缝焊时，主要通过________控制熔核的重叠量。

A. 焊接时间　　B. 休止时间

C. 焊接速度　　D. 焊接电流

12. 滚轮直径的大小，应根据焊件的结构形式来选择，一般在________以内。

A. 100 mm　　B. 200 mm

C. 300 mm　　D. 400 mm

13. 电阻点焊时，排水温度不得超过________。

A. 10℃　　B. 20℃

C. 30℃　　D. 40℃

14. 光圆钢筋闪光对焊焊缝外观检查时接头处的轴线偏移，不大于________倍钢筋直径，同时不大于 2 mm。

A. 0.1　　B. 0.2

C. 0.3　　D. 0.4

15. 光圆钢筋闪光对焊接头处有缩孔，下列不属于消除措施的是________。

A. 减低变压器级数　　B. 避免烧化过程过分强烈

C. 减少预热程度　　D. 适当增大顶锻流量及顶锻压力

16. 下列________是防止焊缝金属过烧或热影响区过热的措施。

A. 减低变压器级数

B. 正确调整电极位置

C. 调整电极钳口或更换已变形的电极

D. 减少预热程度

17. 缝焊时，焊缝边缘距焊件的边缘应________。

A. 不小于 1 mm　　B. 不小于 2 mm

C. 不小于 10 mm　　D. 不小于 20 mm

18. 低碳钢缝焊时，定位焊的焊点直径应不大于焊缝的宽度，压痕深度小于焊件厚度的________。

A. 20 %　　B. 15 %

C. 10 %　　D. 5 %

19. 螺柱焊时________主要是为了防止熔滴过渡时造成短路而影响电弧的稳定性及焊缝质量。

A. 伸出长度　　B. 提升高度

C. 插入速度　　D. 焊接时间

20. 螺柱焊时，焊接电流主要是根据________来进行调节。

A. 伸出长度　　B. 螺柱长度

C. 螺柱直径　　D. 焊接时间

参考答案

一、判断题

1. √　2. ×　3. √　4. ×　5. √　6. ×　7. √　8. √　9. √　10. ×　11. √　12. √　13. ×　14. √　15. √　16. √　17. √　18. ×　19. ×　20. √　21. √　22. ×　23. √　24. √　25. √

二、选择题

1. D　2. B　3. C　4. A　5. A　6. B　7. C　8. B　9. B　10. A　11. B　12. C　13. D　14. A　15. C　16. D　17. A　18. C　19. B　20. C

第9章　压　力　焊

考 核 要 点

理论知识考核范围	考核要点	重要程度
低碳钢板的扩散焊	1. 扩散焊的原理	★★★
	2. 扩散焊设备	★★
	3. 扩散焊工艺知识	★★★
	4. 扩散焊设备及工具的安全检查及扩散焊的安全操作规程	★
	5. 低碳钢板的扩散焊操作技能及低碳钢板的扩散焊的外观检查项目及方法	★★★
小径Ⅰ级钢筋的电渣压力焊	1. 电渣压力焊的原理、焊设备及材料	★★★
	2. 电渣压力焊工艺知识	★★★
	3. 电渣压力焊设备、工具的安全检查及电渣压力焊安全操作规程	★
	4. 小径Ⅰ级钢筋的电渣压力焊操作技能	★★★
	5. 电渣压力焊的质量检查	★★★

注：其中“重要程度”中，“★”为重要程度级别最低，“★★★”为重要程度级别最高。

重点复习提示

一、扩散焊的原理

1. 扩散焊是将两被焊工件紧压在一起，置于真空或保护气氛中加热，使两焊接表面微观凸凹不平处产生塑性变形达到紧密接触，在经保温、原子相互扩散而形成牢固的冶金连接的一种焊接方法。通常根据焊接过程中是否出现液相将扩散焊分为固态扩散焊和瞬间液相扩散焊。在金属不熔化的情况下，要形成焊接接头就必须使两待焊表面紧密接触，使之距离达到（1～5）$\times 10^{-8}$cm 以内，金属原子之间的引力才开始起作用，即形成金属键，获得一定强度的接头。

2. 扩散焊特点之一是可一次焊接多个接头。

3. 一般将纯固态下的扩散焊接过程划分为三个阶段，即变形—接触、扩散—界面推移及界面和孔洞消失。

二、扩散焊设备

1. 根据工作空间所能达到的真空度或极限真空度，可以把扩散焊接设备分为四类，即低真空（>0.1 Pa）、中真空（0.1 Pa～10^{-3} Pa）、高真空（10^{-3}～10^{-5} Pa）、超高真空（≤10^{-5} Pa）焊机

2. 真空扩散焊除加压系统外，其他几个部分都与真空钎焊加热炉相似。

三、扩散焊工艺知识

1. 扩散焊接头形式比熔焊类型多，可进行复杂形状的接合，如平板、圆管、中空、T形及蜂窝结构均可进行扩散连接。

2. 扩散焊对工件待焊表面的制备和清理要求较高，对普通金属零件可采用精车、精刨（铣）和磨削加工，通常使粗糙度 $Ra \leqslant 3.2$ μm，对硬度较高的材料，粗糙度应更小；除油和表面浸蚀通常用酒精、丙酮、三氯乙烯或金属清洗剂。为了去除各种非金属表面膜（包括氧化膜）或机加工产生的冷加工硬化层，待焊表面通常用化学浸蚀方法清理。

3. 固相扩散焊的中间层是熔点较低（但不低于焊接温度）、塑性好的纯金属，如铜、镍、银等。中间层厚度在 30～100 μm 时，可以以箔片形式夹在两待焊表面之间。

4. 扩散焊中为了防止压头与工件或工件之间某些特定区域被扩散粘接在一起，需加隔离剂（或称止焊剂）。对隔离剂的熔点、高温化学稳定性、产生气体有具体要求。

5. 固相扩散焊的重要焊接参数为温度、压力、保温扩散时间及保护气氛。

四、低碳钢板的扩散焊操作技能及低碳钢板的扩散焊的外观检查项目及方法

1. 扩散焊过程中，要对温度、压力、保温扩散时间等焊接参数严格设置。

2. 180℃以下，才可戴石棉手套从真空室中取出被焊零件。

五、电渣压力焊的原理、焊设备及材料

1. 钢筋电渣压力焊是将两钢筋安放成竖向对接形式，利用焊接电流通过两钢筋间隙，在焊剂层下形成电弧过程和电渣过程，产生电弧热和电阻热，熔化钢筋端部，加压完成连接的一种压焊方法。

2. 钢筋电渣压力焊引弧方法有两种。一种是直接引弧法，当电源接通后，将上钢筋下

压至与下钢筋接触，并立即上提，即可产生电弧；另一种是铁丝圈引弧法，在两钢筋的间隙中预先安放一个高 10 mm 的引弧铁丝圈或者一个 ϕ3.2 mm 的焊条芯。

3. 钢筋电渣压力焊电弧热将两钢筋端部熔化。由于热量易向上流动，这样上钢筋端部的熔化量约为整个接头钢筋熔化量的 3/5～2/3，略大于下钢筋端部熔化量。

4. 钢筋电渣压力焊电渣过程是利用焊接电流通过液体渣池产生的电阻热对两钢筋端部继续加热，渣池温度可达到 1 600～2 000℃。

5. 钢筋电渣压力焊适用于现浇混凝土结构竖向或斜向（倾斜度在 4∶1 范围内）钢筋的连接，钢筋的级别为Ⅰ、Ⅱ级，直径为 14～40 mm。

6. 钢筋电渣压力焊机按操作方式可分成手动式和自动式两种。

7. 钢筋电渣压力焊常用的交流弧焊电源型号有 BX3-500 型、BX3-630 型、BX2-1000 型等。直流弧焊电源型号有 ZX5-630 型等。

8. 手动钢筋电渣压力焊机的加压方式有两种：杠杆式和摇臂式。自动电渣压力焊机的加压操作方式有三种：（1）电动凸轮式；（2）电动丝杠式；（3）智能化式。

9. 电渣压力焊用焊剂应按规定烘干。

六、电渣压力焊工艺知识

1. 钢筋安装之前，焊接部位和电极钳口接触的 150 mm 区段内钢筋表面上的锈斑、油污、杂物等应清除干净。

2. 电渣压力焊接头四周焊包应均匀突出钢筋表面至少 4 mm。

3. 电渣压力焊在正常焊接电流下，电弧电压控制在 40～45 V，电渣电压控制在 22～27 V。

4. 为保证安全，电渣压力焊二次回路焊接导线长度不得大于 30 mm，截面面积不得小于 50 mm^2。

七、小径Ⅰ级钢筋的电渣压力焊操作技能

1. 小径Ⅰ级钢筋的电渣压力焊主要焊接参数有：焊接电流、焊接电压、焊接时间（电弧过程时间和电渣过程时间）。

2. 焊剂使用前要按规定烘干。

八、电渣压力焊的质量检查

1. 电渣压力焊接头处的折弯角不大于 3°；接头处的轴线偏移不超过 0.1 倍钢筋直径，同时不大于 2 mm。

2. 电渣压力焊接头常见咬边、未熔合、焊包不均、气孔等焊接缺陷产生原因及消除措施。

辅导练习题

一、判断题（下列判断正确的请在括号中打“√”，错误的请在括号内打“×”）

1. 根据焊接过程中是否出现母材熔化将扩散焊分为固态扩散焊和瞬间液相扩散焊。（ ）

2. 扩散焊过程是在温度和压力的共同作用下完成的。母材不发生熔化和宏观塑性变形。（ ）

3. 扩散焊不可焊接大断面接头。（ ）

4. 进行扩散焊接时，加热热源的选择取决于连接温度、工件的结构形状及大小。（ ）

5. 扩散焊设备在真空室内的压头或平台要承受高温和一定的压力，因而常用高强度材料制作。（ ）

6. T形及蜂窝结构不可进行扩散连接。（ ）

7. 工件的表面状态对扩散焊过程有很大影响，特别是固相扩散焊。（ ）

8. 对冷轧板叠合扩散焊时，因冷轧板表面粗糙度 Ra 较大，需要补充加工。（ ）

9. 扩散焊时，清洗干净的待焊零件应尽快组装焊接。如需长时间放置，则应对待焊表面加以保护，如置于真空或保护气氛中。（ ）

10. 扩散焊在一定的温度范围内，温度越高，扩散过程进行得越快，所获得的接头强度也高。（ ）

11. 扩散焊的保温扩散时间并非一个独立参数，它与温度、压力是密切相关的。温度较高或压力较小，则时间可以缩短。（ ）

12. 对液相扩散焊，加热温度比中间层材料熔点或共晶反应温度稍高一些。（ ）

13. 液相扩散焊对保护气氛的要求与钎焊相同。（ ）

14. 扩散焊接操作人员必须穿工作服，戴手套操作，必要时要戴安全防护用品，如面罩、防护服等。（ ）

15. 扩散焊接设备安装区域内禁止进行任何危险作业。（ ）

16. 对加有软中间层的固相扩散焊和液相扩散焊粗糙度要求可放宽。（ ）

17. 由于压力对第三阶段影响较小，在固态扩散焊时允许在后期将压力减小，以便减小工件变形。（ ）

18. 固相扩散焊保温扩散时间是一个独立参数，与温度、压力无关。（　）

19. 提高固相扩散焊保温扩散时间，可提高扩散焊接头强度。（　）

20. 相对于固相扩散焊，液相扩散焊可以选用较低一些的压力。（　）

21. 扩散焊不能用于金属与非金属的焊接。（　）

22. 扩散焊焊接结束从真空室取出工件时，要戴石棉手套。（　）

23. 钢筋电渣压力焊过程，钢筋端部不熔化。（　）

24. 钢筋电渣压力焊上钢筋端部的熔化量与下钢筋端部熔化量大致相同。（　）

25. 钢筋电渣压力焊属熔化压力焊范畴。（　）

26. 钢筋电渣压力焊适用于现浇混凝土结构竖向或横向钢筋的连接。（　）

27. 钢筋电渣压力焊是在建筑施工现场进行的，即使焊接过程是自动操作，但钢筋安放、焊剂盒装卸及焊剂加入和回收均需手工操作。（　）

28. 钢筋电渣压力焊用焊剂无脱氧和掺合金的作用。（　）

29. 钢筋电渣压力焊渣壳对接头有保温和缓冷作用。（　）

30. 钢筋电渣压力焊现场使用的电焊机，应设有防雨、防潮、防晒的机棚。（　）

31. 小径Ⅰ级钢筋的电渣压力焊接头处的轴线偏移不超过0.15倍钢筋直径。（　）

二、单项选择题（下列每题有4个选项，其中只有1个是正确的，请将其代号填写在横线空白处）

1. ________是将两被焊工件紧压在一起，置于真空或保护气氛中加热，使两焊接表面微观凸凹不平处产生塑性变形达到紧密接触，在经保温、原子相互扩散而形成牢固的冶金连接的一种焊接方法。

A. 电阻焊　　B. 扩散焊

C. 钎焊　　D. 气压焊

2. 扩散焊可一次焊接________个接头。

A. 1　　B. 2

C. 最多2　　D. 多

3. 在金属不熔化的情况下，要形成焊接接头就必须使两待焊表面紧密接触，使之距离达到________以内，金属原子之间的引力才开始起作用，即形成金属键、获得一定强度的接头。

A. （1～5）$\times 10^{-8}$ cm　　B. （1～4）$\times 10^{-8}$ cm

C. （1～3）$\times 10^{-8}$ cm　　D. （1～2）$\times 10^{-8}$ cm

4. ________不属于纯固态下的扩散焊接过程的三个阶段。

A. 变形—接触　　B. 扩散—界面推移

C. 界面和孔洞出现　　D. 界面和孔洞消失

5. 固态扩散焊在变形——接触阶段，接触面积最后达到________。

A. 80%～85%　　B. 85%～90%

C. 90%～95%　　D. 95%～100%

6. 根据工作空间所能达到的真空度，低真空焊机真空度________。

A. >0.1 Pa　　B. 0.1 Pa～10^{-3} Pa

C. 10^{-3}～10^{-5} Pa　　D. ≤10^{-5} Pa

7. 根据工作空间所能达到的真空度，中真空焊机真空度________。

A. >0.1 Pa　　B. 0.1 Pa～10^{-3} Pa

C. 10^{-3}～10^{-5} Pa　　D. ≤10^{-5} Pa

8. 根据工作空间所能达到的真空度，高真空焊机真空度________。

A. >0.1 Pa　　B. 0.1 Pa～10^{-3} Pa

C. 10^{-3}～10^{-5} Pa　　D. ≤10^{-5} Pa

9. 根据工作空间所能达到的真空度，超高真空焊机真空度________。

A. >0.1 Pa　　B. 0.1 Pa～10^{-3} Pa

C. 10^{-3}～10^{-5} Pa　　D. ≤10^{-5} Pa

10. 真空扩散焊设备除________外，其他几个部分都与真空钎焊加热炉相似。

A. 真空室　　B. 加热器

C. 加压系统　　D. 温度测控系统

11. 工件的表面状态对扩散焊过程有很大影响，通常使粗糙度________。

A. Ra≤2.2 μm　　B. Ra≤3.2 μm

C. Ra≤4.2 μm　　D. Ra≤5.2 μm

12. 扩散焊时，为了去除各种非金属表面膜（包括氧化膜）或机加工产生的冷加工硬化层，待焊表面通常用化学浸蚀方法清理。常用的浸蚀液为________。

A. 酒精　　B. 丙酮

C. 三氯乙烯　　D. 以上都不是

13. 扩散焊中间层材料的作用是________。

A. 改善表面接触，从而降低对待焊表面制备质量的要求，降低所需的焊接压力

B. 改善扩散条件，加速扩散过程，从而降低焊接温度，缩短焊接时间

C. 改善冶金反应，避免或减少形成脆性金属间化合物和不希望有的共晶组织

D. 以上都可能是

14. 固相扩散焊的中间层是________的纯金属。

A. 熔点较低、塑性好　　B. 熔点较高、塑性好

C. 熔点较低、塑性差　　D. 熔点较高、塑性差

15. 扩散焊中间层厚度在________时，可以以箔片形式夹在两待焊表面之间。

A. 3～10 μm　　B. 30～100 μm

C. 5～10 μm　　D. 50～100 μm

16. 扩散焊用隔离剂（或称止焊剂），应具有________性能。

A. 高于焊接温度的熔点

B. 较好的高温化学稳定性，高温下不与工件、夹具或压头起化学反应

C. 不释放出有害气体污染附近待焊表面，不破坏保护气氛或真空度

D. 以上都是

17. 固相扩散焊常用保护气体是________。

A. 二氧化碳　　B. 氧气

C. 氩气　　D. 氩气和氧气的混合气

18. 低碳钢板扩散焊的焊接温度约为________。

A. 600℃　　B. 900℃

C. 1 200℃　　D. 1 500℃

19. 低碳钢板扩散焊的焊接压力约为________。

A. 16 MPa　　B. 32 MPa

C. 48 MPa　　D. 64 MPa

20. 低碳钢板扩散焊的扩散焊接时间约为________。

A. 3 min　　B. 6 min

C. 9 min　　D. 12 min

21. 低碳钢板扩散焊焊接阶段结束后，停止加热，进入随炉冷却状态，约________以下，从真空室中取出被焊零件。

A. 18℃　　B. 20℃

C. 180℃　　D. 200℃

22. 钢筋电渣压力焊是通过焊接过程产生________，熔化钢筋端部，加压完成连接的一种压焊方法。

A. 电弧热　　B. 电阻热

C. 电弧热和电阻热　　D. 以上都不对

23. 钢筋电渣压力焊铁丝圈引弧法，在两钢筋的间隙中预先安放一个高________的引弧铁丝圈。当焊接电流通过时，由于铁丝细，电流密度大，立即熔化、蒸发、原子电离而

引弧。

A. 5 mm　　B. 10 mm

C. 15 mm　　D. 20 mm

24. 钢筋电渣压力焊电弧热将两钢筋端部熔化。由于热量易向上流动，这样上钢筋端部的熔化量为整个接头钢筋熔化量的________，略大于下钢筋端部熔化量。

A. 3/5～2/3　　B. 2/3～3/4

C. 2/3～4/5　　D. 3/5～4/5

25. 钢筋电渣压力焊电渣过程是利用焊接电流通过液体渣池产生的电阻热对两钢筋端部继续加热，渣池温度可达到________。

A. 1 300～1 700℃　　B. 1 400～1 800℃

C. 1 500～1 900℃　　D. 1 600～2 000℃

26. 钢筋电渣压力焊工效高、速度快。每个作业组每天可焊________个接头。

A. 160～180　　B. 180～200

C. 200～220　　D. 220～240

27. 钢筋电渣压力焊也适用于现浇混凝土结构倾斜度在________范围内的斜向钢筋的连接。

A. 2∶1　　B. 3∶1

C. 4∶1　　D. 5∶1

28. 钢筋电渣压力焊适用于钢筋的级别为Ⅰ、Ⅱ级，直径为________。

A. 14～40 mm　　B. 13～40 mm

C. 12～40 mm　　D. 11～40 mm

29. 电渣压力焊可采用大容量（额定焊接电流 500A 及以上）交流或直流焊接电源，常用的交流弧焊电源型号________型。

A. BX3-500　　B. ZX5-500

C. ZX5-630　　D. AX-630

30. 钢筋电渣压力焊机按操作方式可分成________两种。

A. 手动式和半自动式　　B. 半动式和自动式

C. 手动式和自动式　　D. 以上都不对

31. 电渣压力焊可采用大容量（额定焊接电流 500 A 及以上）交流或直流焊接电源，常用的直流弧焊电源型号________型。

A. BX3-500　　B. BX2-500

C. ZX5-630　　D. AX-630

32. 手动钢筋电渣压力焊机的加压方式有两种：________。

A. 凸轮式和杠杆式　　B. 丝杠式和摇臂式
C. 凸轮式和丝杠式　　D. 杠杆式和摇臂式

33. 在钢筋电渣压力焊过程中，焊剂的主要作用是：________。

A. 保护电弧和熔池，保护焊缝金属
B. 使焊接过程稳定
C. 焊剂熔化后形成渣池，电流通过渣池产生大量的电阻热
D. 以上都是

34. 常用的焊剂牌号为 HJ431，为熔炼型________焊剂。

A. 低锰低硅低氟　　B. 高锰高硅低氟
C. 低锰高硅低氟　　D. 高锰高硅高氟

35. 钢筋电渣压力焊焊剂应存放在干燥的库房内，防止受潮。如受潮，使用前须经________烘焙 2 h。

A. 75～150℃　　B. 100～150℃
C. 250～300℃　　D. 350～450℃

36. 钢筋电渣压力焊在钢筋安装之前，焊接部位和电极钳口接触的________区段内钢筋表面上的锈斑、油污、杂物等，应清除干净。

A. 100 mm　　B. 150 mm
C. 200 mm　　D. 250 mm

37. 钢筋电渣压力焊接头，四周焊包应均匀突出钢筋表面至少________。

A. 1 mm　　B. 2 mm
C. 3 mm　　D. 4 mm

38. 钢筋电渣压力焊在正常焊接电流下，电弧电压控制在________。

A. 40～45 V　　B. 45～50 V
C. 20～27 V　　D. 22～27 V

39. 钢筋电渣压力焊在正常焊接电流下，电渣电压控制在________。

A. 40～45 V　　B. 45～50 V
C. 20～27 V　　D. 22～27 V

40. 钢筋电渣压力焊二次焊接导线长度不得大于 30 m，截面面积不得小于______。

A. 30 mm^2　　B. 40 mm^2
C. 50 mm^2　　D. 60 mm^2

41. ϕ16 mm、Ⅰ级钢筋电渣压力焊，电弧过程时间约________。

A. 14 s　　B. 28 s

C. 4 s　　D. 8 s

42. ϕ16 mm、Ⅰ级钢筋电渣压力焊，电渣过程时间约________。

A. 14 s　　B. 28 s

C. 4 s　　D. 8 s

43. 钢筋电渣压力焊接头处的折弯角不大于________。

A. 3°　　B. 4°

C. 5°　　D. 6°

44. 钢筋电渣压力焊接头产生咬边的原因________。

A. 焊接电流过小　　B. 焊接时间过长

C. 上钢筋没有压顶到位　　D. 以上都是

45. 钢筋电渣压力焊接头产生未熔合的原因是________。

A. 焊接电流过小　　B. 焊接时间过短

C. 上钢筋没有下到位　　D. 以上都是

46. 钢筋电渣压力焊接头产生焊包不均的原因是________。

A. 钢筋端面不平整　　B. 焊剂分布不均匀

C. 焊接时间过短　　D. 以上都是

参考答案

一、判断题

1. ×　2. √　3. ×　4. √　5. ×　6. ×　7. √　8. ×　9. √
10. √　11. ×　12. √　13. √　14. √　15. √　16. √　17. √　18. ×
19. ×　20. √　21. ×　22. √　23. ×　24. ×　25. √　26. ×　27. √
28. ×　29. √　30. √　31. ×

二、单项选择题

1. B　2. D　3. A　4. C　5. C　6. A　7. B　8. C　9. D
10. C　11. B　12. D　13. D　14. A　15. B　16. D　17. C　18. B
19. A　20. B　21. C　22. C　23. B　24. A　25. D　26. B　27. C
28. A　29. A　30. C　31. C　32. D　33. D　34. B　35. C　36. B
37. D　38. A　39. D　40. C　41. A　42. C　43. A　44. D　45. D
46. D

第 10 章　切　　割

考 核 要 点

理论知识考核范围	考核要点	重要程度
低碳钢板的手工气割	1. 气割材料与参数	★★★
	2. 气割安全操作规程	★★★
	3. 气割设备工具的安全检查	★★
	4. 低碳钢板的手工气割	★★★
	5. 气割割缝的质量检查	★
低碳钢板或低合金钢板的手工碳弧气刨	1. 碳弧气刨原理、设备工具及材料	★★★
	2. 碳弧气刨参数和基本操作	★★★
	3. 碳弧气刨安全操作规程及安全检查	★★
	4. 手工碳弧气刨操作实例	★★★
	5. 碳弧气刨清除焊缝缺陷	★★★

注：其中“重要程度”中，“★”为重要程度级别最低，“★★★”为重要程度级别最高。

重点复习提示

一、气割材料与参数

1. 切割氧压力

切割氧压力气割时，氧气的压力与割件的厚度、割嘴号码以及氧气纯度等因素有关。割件越厚，要求氧气的压力越大；氧气压力过大，不仅造成浪费，而且对割件产生强烈的冷却作用，使割缝表面粗糙，割缝加大，气割速度反而减慢。气割时，根据割件厚度来选择割嘴号码以及氧气压力。

2. 气割速度

气割速度与割件厚度和使用的割嘴形状有关。气割速度的正确与否，主要根据割缝后拖量来判断。气割时，后拖量的现象是不可避免的，在气割厚板时更为明显，因此，要求气割速度的选择应该以使割缝产生的后拖量较小为原则。

3. 火焰能率

气割时，预热火焰均采用中性焰或轻微的氧化焰。因为碳化焰中有剩余的碳，会使割件的切割边缘增碳，所以不能使用碳化焰。预热火焰能率以可燃气体每小时消耗量（L/h）表示。预热火焰能率与割件厚度有关。

4. 割嘴离割件表面距离

割嘴离割件表面的距离，根据预热火焰的长度及割件的厚度而定，一般为3～5 mm。这样的距离加热条件好，同时割缝渗碳的可能性最小。当气割约20 mm的厚钢板时，火焰要长些，割嘴离割件表面的距离可增大。

二、气割安全操作规程及气割设备、工具的安全检查

1. 气割安全操作规程

（1）所有气路、容器和接头的检漏应使用肥皂水，严禁明火检漏。

（2）工作前应将工作服、手套及工作鞋、护目镜等穿戴整齐。各种防护用品均应符合国家有关标准的规定。

（3）气割前应检查工作场地周围的环境，不要靠近易燃、易爆物品。如果有易燃、易爆物品，应将其移至10 m以外。要注意氧化渣在喷射方向上是否有他人在工作，要安排他人避开后再进行气割。

（4）在密闭容器、桶、罐、舱室中进行气割作业时，应先打开施工处的孔、洞、窗，使内部空气流通，防止焊工中毒烫伤。必要时要有专人监护。工作完毕或暂停时，割炬及胶管必须随人进出，严禁放在工作地点。

（5）禁止在带压力或带电压的容器、罐、柜、管道、设备上进行气割作业。在特殊情况下需从事上述工作时，应向上级主管安全部门申请，经批准并做好安全防护措施后操作方可进行。

（6）气割工件应垫高100 mm以上并支架稳固，对可能造成烫伤的火花飞溅进行有效防护。

（7）对悬挂在起重机吊钩或其他位置的工件及设备，禁止进行气割。如必须进行气割作业，应经企业安全部门批准，采取有效安全措施后方准作业。

（8）露天作业时遇有六级以上大风或下雨时应停止气割作业。

三、气割设备、工具的安全检查

1. 气瓶的安全检查

(1) 氧气瓶、乙炔瓶在使用前应先检查瓶体及瓶嘴是否沾有油污，瓶嘴丝扣是否损坏，以防减压器在使用中脱落。乙炔瓶阀与减压器连接是否可靠，严禁在漏气的情况下使用。

(2) 冬季使用时检查氧气瓶瓶阀是否产生冻结现象，如果冻结只能用热水解冻。

(3) 使用前检查氧气瓶与乙炔瓶是否距离 5 m 以上，两瓶与明火作业的距离是否大于 10 m。

2. 减压器的安全检查

(1) 减压器的指针是否灵活准确。

(2) 工作前检查减压器是否有产生自流的现象。如果有自流现象禁止使用。

(3) 检查乙炔减压器是否安装回火防止阀。

3. 割炬的安全检查

(1) 割炬在使用前应先检查是否有吸射能力。

(2) 点火前应先检查割炬各阀门及气体连接处是否有漏气现象，阀门是否灵活好用。

(3) 割炬内腔要光滑，阀门严密、调节灵敏，连接部位紧密而不泄漏。

四、碳弧气刨原理

碳弧气刨是利用碳极和金属之间产生的高温电弧，把金属局部加热到熔化状态，同时利用压缩空气的高速气流把这些熔化金属吹掉，从而实现对金属母材进行刨削和切割的一种工艺方法。

五、碳弧气刨设备、工具及材料

1. 电源

碳弧气刨一般均采用直流电源。其电源的特性与手工电弧焊相同，即要求有陡降外特性和良好的动特性。一般直流手工弧焊机即可选作碳弧气刨电源。但由于碳弧气刨使用的电流较大，且连续工作时间较长，所以选用功率较大的直流电弧焊机。若焊机容量较小，也可以采用两台并联使用，但必须保证两台并联焊机的性能一致。碳弧气刨系统由电源、气刨枪、碳棒、电缆气管和压缩空气源等组成。

2. 空压机

集中供气的空压站，空气压力一般为 0.5～1 MPa，利用小型空压机来供气，只要能保证空气压力在 0.5～0.6 MPa 范围内即可。

3. 碳弧气刨枪

对碳弧气刨枪的要求是：导电性能良好；压缩空气喷射集中稳定；电极夹持牢固且更换碳棒方便；质量较轻；外壳绝缘良好；使用方便灵活等。目前生产中经常使用的碳弧气刨枪有侧面送风式和圆周送风式两种。

4. 碳棒

碳弧气刨用碳棒，必须具备以下性能：导电性良好；耐高温；损耗少；不易断裂；灰分少；成本低。一般情况下，碳棒多用镀铜碳棒，镀铜后碳棒的电气性能得到提高，镀铜层厚度为0.3～0.4 mm。目前，生产专用碳弧气刨用的碳棒有圆形和扁形两种。

六、碳弧气刨工艺

1. 碳弧气刨参数

（1）极性。碳弧气刨一般采用直流反接（工件接负极），这样电弧稳定，熔化金属的流动性较好，凝固温度较低，因此反接时刨削过程稳定，电弧发出连续的“唰唰”声，刨槽宽窄一致，光滑明亮。

（2）碳棒直径与电流。碳棒直径是根据被刨削的金属厚度来选择。被刨削金属板厚度增加时，碳棒直径也需增大。碳棒直径的大小与所要求的刨槽宽度有关，一般碳棒直径应比所要求的槽宽小约2 mm。电流对刨槽的尺寸影响很大，电流过大时，碳棒头易发红，镀铜层易脱落。正常电流下，碳棒发红长度为25 mm，电流太小则容易产生夹碳现象。

（3）刨削速度。刨削速度对刨槽尺寸、表面质量都有一定影响。速度太快会造成碳棒与金属相碰，会使碳黏于刨槽顶端，形成所谓“夹碳”的缺陷。相反，速度过慢，又容易出现“黏渣”问题。随着刨削速度的增大，刨槽深度、宽度均会减小，通常刨削速度为0.5～1.2 m/min较合适。

（4）压缩空气压力。压缩空气是用来吹走已熔化的金属。压缩空气的压力高，能迅速吹走熔化的金属，使刨削过程顺利进行。常用的压缩空气压力为0.4～0.6 MPa。压缩空气的压力与使用的电流有关，随着电流的增大，压缩空气的压力也应相应提高。

（5）电弧长度。碳弧气刨时，电弧太长会引起电弧不稳定，甚至造成熄弧。故操作时宜用短弧，以提高生产率和碳棒利用率。一般电弧长度以1～2 mm为宜。

（6）碳棒伸出长度。碳棒从钳口导电嘴到电弧端的长度为碳棒伸出长度。伸出长度越长，钳口离电弧越远，压缩空气吹到熔池的吹力就不足，不能将熔化金属顺利吹掉；另外伸出长度越长，碳棒的电阻越大，烧损也就快。一般在操作时，碳棒较为合适的伸出长度为80～100 mm，当烧损20～30 mm后就要进行调整。

（7）碳棒倾角。碳棒与工件沿刨槽方向的夹角称为碳棒倾角。刨槽的深度与倾角有关。

倾角增大，刨槽深度增加；反之，倾角减小，则槽深减小。碳棒的倾角一般为 25°～45°。

2. 气刨基本操作

（1）因为开始刨削时钢板温度低，当电弧引燃后，此时刨削速度应慢一点，否则易产生夹碳。

（2）刨削过程中，碳棒不应横向摆动和前后往复移动，只能沿刨削方向做直线运动。在垂直位置气刨时，应由上向下移动，便于熔渣流出。刨削结束时，应先切断电弧，过几秒钟后再关闭气阀，使碳棒冷却。

辅导练习题

一、判断题（下列判断正确的请在括号中打“√”，错误的请在括号内打“×”）

1. 切割氧压力气割时，氧气的压力与割件的厚度、割嘴号码以及氧气纯度等因素有关。（　）

2. 氧气压力过大，不仅造成浪费，而且使割缝表面粗糙，割缝加大，气割速度加快。（　）

3. 气割时，随着割件厚度的增加，选择的割嘴号码应减小，使用的氧气压力应加大。（　）

4. 气割时，根据割件厚度来选择割嘴号码以及氧气压力。（　）

5. 气割时，后拖量的现象是不可避免的，在气割薄板时更为明显。（　）

6. 气割时，预热火焰均采用中性焰或轻微的碳化焰。（　）

7. 割嘴与割件的倾斜角，直接影响气割速度和后拖量。（　）

8. 在气割 20 mm 以上厚钢板时，由于气割速度慢，为了防止割缝上缘熔化，所需的预热火焰应长些，割嘴离割件的距离可适当增大。（　）

9. 气焊、气割时的主要劳动保护措施是通风和个人防护。（　）

10. 所有气路、容器和接头的检漏应使用肥皂水，严禁明火检漏。（　）

11. 在密闭容器、桶、罐、舱室中进行气割作业时，应先打开施工处的孔、洞、窗，使内部空气流通，防止焊工中毒烫伤。（　）

12. 可以在带压力或带电压的容器、罐、柜、管道、设备上进行气割作业。（　）

13. 气割工件应垫高 50 mm 以上并支架稳固，对可能造成烫伤的火花飞溅进行有效防护。（　）

14. 对悬挂在起重机吊钩或其他位置的工件及设备，可以进行气割。（　）

15. 露天作业时遇有四级以上大风或下雨时应停止气割作业。（　）

16. 减压器上沾有油脂、污物等时不影响使用。（ ）

17. 氧气瓶、乙炔瓶在使用前应先检查瓶体及瓶嘴是否沾有油污，瓶嘴丝扣是否损坏，以防减压器在使用中脱落。（ ）

18. 减压器要求安装回火防止阀。（ ）

19. 工作前检查减压器是否有产生自流的现象。如果有自流现象才能使用。（ ）

20. 割炬在使用前应先检查是否有吸射能力。（ ）

21. 点火前应检查割炬各阀门及气体连接处是否有漏气现象，阀门是否灵活好用。（ ）

22. 割炬内腔要光滑，阀门严密、调节灵敏，连接部位紧密而不泄漏。（ ）

23. 碳弧气刨一般采用交流电源。（ ）

24. 碳弧气刨使用的电流较小，选用功率较小的直流电弧焊机。（ ）

25. 利用小型空压机供气，能保证空气压力在0.2～0.3 MPa范围内即可。（ ）

26. 碳弧气刨枪有正面送风式和圆周送风式两种。（ ）

27. 碳弧气刨在刨碳钢时，极性反接刨削过程稳定，电弧发出连续的“唰唰”声，刨槽宽窄一致，光滑明亮。（ ）

28. 碳弧气刨时压缩空气的压力与使用的电流有关，随着电流的增大，压缩空气的压力应相应降低。（ ）

29. 碳弧气刨时，电弧太长会引起电弧不稳定，甚至造成熄弧。（ ）

30. 碳弧气刨时，刚开始刨削时钢板温度较低，不能很快熔化，电弧引燃后刨削速度应快一点。（ ）

31. 碳弧气刨在刨削过程中，碳棒不应横向摆动和前后往复移动，只能沿刨削方向做直线运动。（ ）

32. 碳弧气刨在垂直位置气刨时，应由下向上移动，便于熔渣流动。（ ）

33. 碳弧气刨刨削结束时，应先切断电弧，过几秒钟后再关闭气阀，使碳棒冷却。（ ）

二、单项选择题（下列每题有4个选项，其中只有1个是正确的，请将其代号填写在横线空白处）

1. 气焊时，要根据________选用气焊参数。

A. 板材的类型　　B. 板的厚度

C. 焊缝的尺寸　　D. 焊接的时间

2. 割嘴的形状________。

A. 不影响切割效果　　B. 影响切割效果

C. 有组合式、整修式　　　　D. 取决于不同厚度的切割

3. 气割时，出现后拖量大、切口底部的熔渣难以清除甚至割不透的现象，主要原因是切割时使用________。

A. 纯度太高的氧气　　　　B. 纯度太低的氧气

C. 纯度太高的乙炔　　　　D. 纯度太低的乙炔

4. 焊接前，应根据焊件的________选择适当的焊炬及焊嘴。

A. 材质　　　　B. 形式

C. 大小　　　　D. 厚度

5. 对于厚大焊件，应用________进行焊接。

A. 大火焰能率、高速度　　　　B. 大火焰能率、低速度

C. 小火焰能率、高速度　　　　D. 小火焰能率、低速度

6. 火焰能率是以________消耗量来表示的。

A. 每小时可燃气体（乙炔）　　　　B. 每小时氧气

C. 每分钟乙炔　　　　D. 每分钟乙炔

7. 火焰能率的物理意义是表示________可燃气体提供的能量。

A. 单位时间内　　　　B. 单位体积内

C. 单位数量内　　　　D. 单位重量内

8. 气焊时要根据焊接________来选择焊接火焰的类型。

A. 焊丝材料　　　　B. 母材材料

C. 焊剂材料　　　　D. 气体材料

9. 火焰能率的大小主要取决于________流量。

A. 氧气　　　　B. 乙炔

C. 氧乙炔混合气　　　　D. 空气

10. 气焊低碳钢薄板时，火焰选用________。

A. 碳化焰　　　　B. 中性焰

C. 氧化焰　　　　D. 焰心

11. 对气焊、气割火焰的要求不包括________。

A. 温度要足够高　　　　B. 火焰体积要小

C. 火焰具有氧化性　　　　D. 使焊缝金属不吸收氧

12. 对气焊、气割火焰的要求包括________。

A. 火焰体积要大，焰心要直　　　　B. 一般应具有氧化性

C. 温度要足够低　　　　D. 热量应集中，以便操作

13. 当氧气与乙炔的比例________时产生碳化焰。

A. 小于1.2　　B. 小于1

C. 小于1.1　　D. 大于1

14. 用碳化焰焊接钢，________。

A. 不易产生任何缺陷　　B. 焊接过程中熔池稳定，无沸腾现象

C. 使钢中的合金元素氧化　　D. 使焊件增碳

15. 气割时，通常火焰心离开割件表面的距离应保持在________范围内。

A. 0～2 mm　　B. 0～3 mm

C. 3～5 mm　　D. 5～7 mm

16. 进行焊接切割作业时，应将作业环境________范围内所有易燃易爆物品清理干净。

A. 3 m　　B. 5 m

C. 10 m　　D. 20 m

17. 焊接安全操作要求不包括________。

A. 气焊、气割人员持证上岗　　B. 在高压天然气管道上施焊

C. 工作前检查设备完整性　　D. 焊接带电设备需切断电源

18. 露天作业时遇有________以上大风或下雨时应停止气割作业。

A. 3级　　B. 5级

C. 6级　　D. 10级

19. 氧气瓶应远离高温物体或明火，一般规定相距________以上。

A. 3 m　　B. 5 m

C. 10 m　　D. 20 m

20. 氧气瓶内有水被冻结时，应关闭阀门，________。

A. 用火焰烘烤使之解冻　　B. 用热水缓慢加热解冻

C. 对使用无影响　　D. 自然解冻

21. 乙炔瓶出厂前须经严格检验，并做水压试验，试验压力应该是设计压力的________倍。

A. 1　　B. 2

C. 3　　D. 4

22. 乙炔瓶的构造________。

A. 极其简单　　B. 与氧气瓶一样

C. 较复杂　　D. 较简单

23. 氧气瓶是储存和运输氧气用的________。

A. 低压容器　　B. 中压容器

C. 高压容器　　D. 超高压容器

24. 氧气减压器能够保持________稳定。

A. 工作压力　　B. 零压力

C. 瓶压力　　D. 高压气体

25. 减压器具有________两种作用。

A. 减压和增压　　B. 增压和稳压

C. 减压和稳压　　D. 稳压和调压

26. 氧气减压器和乙炔减压器________。

A. 可以互换使用　　B. 不可以互换使用

C. 没有区别　　D. 有时可换用

27. 在进行气割之前所做的准备工作中不包括________。

A. 检查场地的安全性　　B. 将割件放在水泥地面上

C. 除去割件表面杂质　　D. 检查乙炔瓶、割炬

28. 气割时随着板厚的减小应采用________。

A. 较慢的气割速度　　B. 较快的气割速度

C. 较大的火焰能率　　D. 较慢割速、较大火焰

29. 一般情况下，气割用氧气的纯度，不能低于________。

A. 90%　　B. 95%

C. 98.5%　　D. 99.5%

30. 金属的气割过程其实质是金属在________。

A. 纯氧中的燃烧过程　　B. 氧气中的燃烧过程

C. 纯氧中的熔化过程　　D. 氧气中的熔化过程

31. 碳弧气刨是用压缩空气将________吹除，进行表面加工的一种方法。

A. 金属蒸汽　　B. 过烧金属

C. 熔化金属　　D. 金属磨削

32. 碳弧气刨时，如果一台焊机功率不够，可将两台________使用，但两台焊机的性能应一致。

A. 直流焊机并联　　B. 直流焊机串联

C. 交流焊机并联　　D. 交流焊机串联

33. 碳弧气刨系统不包括________。

A. 电源　　B. 气刨枪

C. 碳棒　　D. 压缩氧

34. 碳弧气刨切割的金属材料不包括________。

A. 中碳钢　　B. 低碳钢

C. 超低碳不锈钢　　D. 铸铁

35. 碳弧气刨应采用________焊机。

A. 具有陡降特性的交流　　B. 具有陡降特性的直流

C. 具有水平特性的交流　　D. 具有水平特性的直流

36. 碳弧气刨枪的作用之一是控制压缩空气的________。

A. 压力　　B. 方向

C. 流量　　D. 温度

37. 碳弧气刨用的电极材料是________碳棒。

A. 含钾　　B. 含钍

C. 纯　　D. 含铈

38. 碳弧气刨用的碳棒表面应镀金属________。

A. 铜　　B. 铝

C. 铬　　D. 镍

39. 碳弧气刨用的碳棒镀铜层厚度为________。

A. 0.1～0.2 mm　　B. 0.2～0.3 mm

C. 0.3～0.4 mm　　D. 0.4～0.5 mm

40. 用碳弧气刨清除焊瘤时，宜选用________形断面的碳棒。

A. 圆　　B. 扁

C. 方　　D. 三角

41. 碳弧气刨时碳棒直径是根据被刨削金属________来选择的。

A. 长度　　B. 大小

C. 厚度　　D. 材质

42. 碳棒直径的大小与刨槽宽度有关，一般碳棒直径应比所要求的槽宽小约________。

A. 1 mm　　B. 2 mm

C. 3 mm　　D. 4 mm

43. 碳弧气刨时碳棒的伸出长度为________。

A. 20～30 mm　　B. 40～50 mm

C. 60～70 mm　　D. 80～100 mm

44. 低碳钢碳弧气刨后，在刨槽表面会产生一层________。

A. 硬化层　　B. 渗碳层
C. 脱碳层　　D. 氧化层

45. 碳弧气刨时，刨削速度对刨槽尺寸、表面质量都有一定影响，因此刨削速度为________较合适。

A. 0.1～0.5 m/min　　B. 0.3～0.8 m/min
C. 0.5～1.2 m/min　　D. 0.7～2.0 m/min

46. 碳弧气刨用的压缩空气工作压力不应低于________。

A. 0.1 MPa　　B. 0.2 MPa
C. 0.4 MPa　　D. 0.5 MPa

47. 碳弧气刨时，一般电弧长度以________为宜。

A. 1～2 mm　　B. 2～3 mm
C. 3～4 mm　　D. 4～5 mm

48. 碳弧气刨时，碳棒的倾角一般为________比较合适。

A. 10°～25°　　B. 25°～45°
C. 30°～45°　　D. 40°～55°

49. 碳弧气刨时，产生粘渣的原因是________。

A. 刨削速度与电流配合不当　　B. 压缩空气的压力偏小
C. 刨削速度太快　　D. 碳棒送进过猛

50. 碳弧气刨电流过大时，会引起严重的________现象。

A. 断弧　　B. 夹碳
C. 渗碳　　D. 软化

51. 在碳弧气刨刨槽中，铜斑缺陷如不清除，焊接时将会引起________。

A. 热裂　　B. 夹铜
C. 气孔　　D. 冷裂

参考答案

一、判断题

1. √　2. ×　3. ×　4. √　5. ×　6. ×　7. √　8. ×　9. √
10. √　11. √　12. ×　13. ×　14. ×　15. ×　16. ×　17. √　18. √
19. ×　20. √　21. √　22. √　23. ×　24. ×　25. ×　26. ×　27. √
28. ×　29. √　30. ×　31. √　32. ×　33. √

二、单项选择题

1. B	2. B	3. B	4. D	5. B	6. A	7. A	8. B	9. C
10. B	11. C	12. D	13. B	14. D	15. C	16. C	17. B	18. C
19. C	20. B	21. B	22. C	23. C	24. A	25. C	26. B	27. B
28. B	29. C	30. A	31. C	32. A	33. D	34. C	35. B	36. B
37. C	38. A	39. C	40. B	41. C	42. B	43. D	44. A	45. C
46. D	47. A	48. B	49. B	50. C	51. A			

第 2 部分　操作技能鉴定指导

第 1 章　焊条电弧焊

考 核 要 点

操作技能考核范围	考核要点	重要程度
厚度 δ＝8～12 mm 的板材角焊缝试件焊条电弧焊	1. 厚度 δ＝8～12 mm 的板材 T 形接头角焊缝试件的焊接	★★★
	2. 厚度 δ＝8～12 mm 的板材角接接头角焊缝试件的焊接	★★
厚度大于等于 6 mm 的板材对接焊缝试件焊条电弧焊	1. 厚度大于等于 6 mm 的低碳钢板对接焊缝试件平焊	★★★
	2. 厚度大于等于 6 mm 的低合金钢板对接焊缝试件平焊	★★
管径大于等于 60 mm 的管材对接焊缝试件焊条电弧焊	管径大于等于 60 mm 的低碳钢管对接焊缝试件水平转动焊	★★★

注：其中“重要程度”中，“★”为重要程度级别最低，“★★★”为重要程度级别最高。

辅导练习题

【题目 1】 厚度 δ＝8 mm 低碳钢板 T 形接头焊条电弧焊

1. 考核要求

（1）必须穿戴劳动保护用品。

（2）试件坡口形式：I 形。

（3）焊前将试件坡口及两侧 20 mm 范围内的铁锈、油污、氧化物等清理干净，使其露出金属光泽。

（4）间隙自定。

（5）定位焊位于 T 形接头立板与底板相交的两侧首尾处，即四点定位，长度小于等于 15 mm。定位焊时允许采用反变形。

（6）焊接位置为横焊。

（7）定位装配后，将装配好的试件固定在操作架上；试件一经施焊不得改变焊接位置。

（8）焊接完毕，关闭电焊机，焊缝表面清理干净，并保持焊缝原始状态，不允许补焊、返修及修磨。场地清理干净，工具摆放整齐。

（9）符合安全，文明生产。

2. 准备工作

（1）材料准备

序号	名称	规格	数量	备注
1	Q235	300 mm×150 mm×8 mm	2 件/人	板厚允许在 8～12 mm 范围内选取
2	E4303 焊条	ϕ3.2 mm、ϕ4 mm	各 10 根/人	焊条可在 100～150℃范围内烘干，保温 1～1.5 h

试件形状及尺寸：

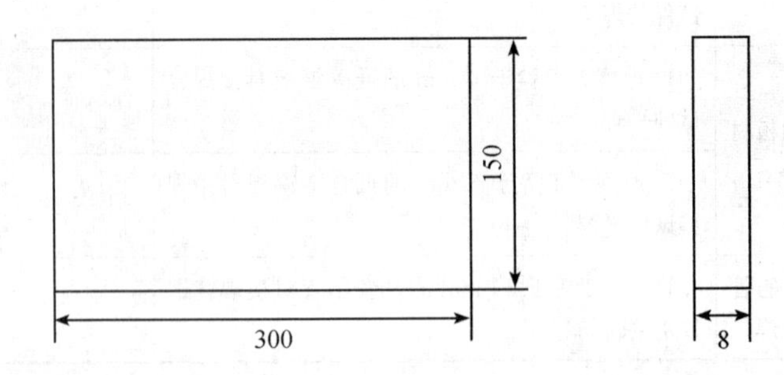

（2）设备准备

序号	名称	规格	数量	备注
1	交流或直流焊机	根据实际情况确定	1 台/工位	鉴定站准备
2	焊条烘干箱	根据实际情况确定	2 台/鉴定站	鉴定站准备
3	焊条保温筒	根据实际情况确定	1 个/工位	鉴定站准备

（3）工具、量具准备

序号	名称	规格	数量	备注
1	焊接检验尺	HJC－40	不少于 3 把	鉴定站准备
2	钢直尺	根据实际情况确定	不少于 3 把	鉴定站准备
3	放大镜	5 倍	不少于 3 把	鉴定站准备

续表

序号	名称	规格	数量	备注
4	钢印		2 套	鉴定站准备
5	电焊面罩	自定	1 个	考生准备
6	电焊手套	自定	1 副	考生准备
7	锉刀	自定	1 把	考生准备
8	敲渣锤	自定	1 把	考生准备
9	錾子	自定	1 把	考生准备
10	钢丝刷	自定	1 把	考生准备
11	角向磨光机	自定	1 台	考生准备

3. 考核时限

(1) 基本时间

准备时间 25 min；正式操作时间 45 min（不包括组对时间）。

(2) 时间允差

操作超过规定时间 5 min（包括 5 min）以内扣总分 3 分，超时 5 min 以上本题零分。

4. 评分项目及标准

评分项目	评分要点	配分比重（%）	评分标准及扣分
1. 准备工作	工具、用具准备齐全	10	自备工具少一件扣 2 分，扣完为止
2. 焊缝外观	焊缝表面不允许有焊瘤、气孔、夹渣等缺陷	10	出现任何一种缺陷不得分
	焊缝咬边深度小于等于 0.5 mm，两侧咬边总长度不超过焊缝有效长度的 10%	10	焊缝咬边深度小于等于 0.5 mm 累计长度每 5 mm 扣 2 分；累计长度超过焊缝有效长度的 10%不得分；咬边深度大于 0.5 mm 不得分
	焊缝凹凸度小于等于 1.5 mm	5	焊缝凹凸度大于 1.5 mm 时不得分
	焊脚尺寸 $k=\delta$（板厚）+（0～3）mm	10	每超标一处扣 5 分，扣完为止
	两板之间夹角为 90°±3°	5	超标不得分
	外观成形美观，焊纹均匀、细密、高低宽窄一致	10	焊缝平整，焊纹不均匀，扣 2 分；外观成形一般，焊缝平直，局部高低宽窄不一致，扣 3 分；焊缝弯曲，高低宽窄明显不一致，有表面焊接缺陷，不得分

续表

评分项目	评分要点	配分比重（%）	评分标准及扣分
3. 宏观金相检验	根部熔深大于等于0.5 mm	10	根部熔深小于0.5 mm时不得分
	条状缺陷	10	尺寸小于等于0.5 mm，数量不多于3个时，每个扣1分，数量超过3个，不得分；尺寸大于0.5 mm且小于等于1.5 mm，数量不多于1个时，扣5分，数量多于1个时，不得分；尺寸大于1.5 mm时不得分
	点状缺陷	10	尺寸小于等于0.5 mm，数量不多于3个时，每个扣2分，数量超过3个，不得分；尺寸大于0.5 mm且小于等于1.5 mm，数量不多于1个时，扣5分，数量多于1个时，不得分；尺寸大于1.5 mm时不得分
4. 否定项	焊缝出现裂纹、未熔合、烧穿缺陷；焊接操作时，随意改变试件操作位置；焊缝原始表面被破坏；超时5 min		出现任何一项，按零分处理
5. 安全文明生产	严格按操作规程操作	10	劳保用品穿戴不全，扣2分；焊接过程中有违反操作规程的现象，根据情况扣2～5分；焊接完毕，场地清理不干净，工具码放不整齐，扣3分
合计		100	

【题目2】厚度$\delta=8$ mm低合金钢板T形接头焊条电弧焊

1. 考核要求

（1）必须穿戴劳动保护用品。

（2）试件坡口形式：I形。

（3）焊前将试件坡口及两侧20 mm范围内的铁锈、油污、氧化物等清理干净，使其露出金属光泽。

（4）间隙自定。

（5）定位焊位于T形接头立板与底板相交的两侧首尾处，即四点定位，长度小于等于15 mm。定位焊时允许采用反变形。

（6）焊接位置为横焊。

（7）定位装配后，将装配好的试件固定在操作架上；试件一经施焊不得改变焊接位置。

（8）焊接完毕，关闭电焊机，焊缝表面清理干净，并保持焊缝原始状态，不允许补焊、返修及修磨。场地清理干净，工具摆放整齐。

（9）符合安全，文明生产。

2. 准备工作

(1) 材料准备

序号	名称	规格	数量	备注
1	Q345	300 mm×150 mm×8 mm	2 件/人	板厚允许在 8～12 mm 范围内选取
2	E5015 焊条	ϕ3.2 mm、ϕ4 mm	各 10 根/人	焊条可在 350～400℃范围内烘干，保温 1～1.5 h

试件形状及尺寸：

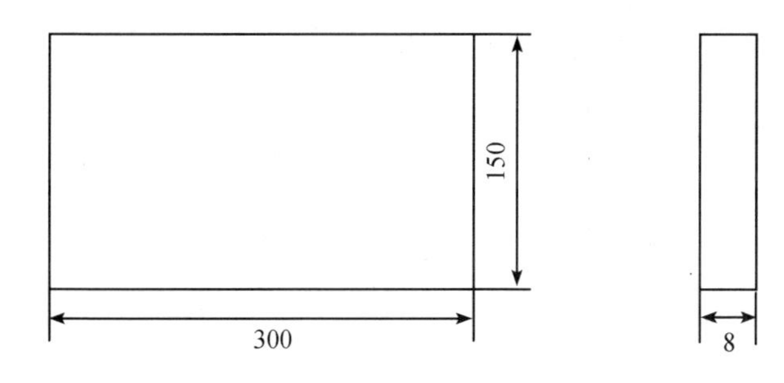

(2) 设备准备

序号	名称	规格	数量	备注
1	直流焊机	根据实际情况确定	1 台/工位	鉴定站准备
2	焊条烘干箱	根据实际情况确定	2 台/鉴定站	鉴定站准备
3	焊条保温筒	根据实际情况确定	1 个/工位	鉴定站准备

(3) 工具、量具准备

序号	名称	规格	数量	备注
1	焊接检验尺	HJC-40	不少于 3 把	鉴定站准备
2	钢直尺	根据实际情况确定	不少于 3 把	鉴定站准备
3	放大镜	5 倍	不少于 3 把	鉴定站准备
4	钢印		2 套	鉴定站准备
5	电焊面罩	自定	1 个	考生准备
6	电焊手套	自定	1 副	考生准备
7	锉刀	自定	1 把	考生准备
8	敲渣锤	自定	1 把	考生准备
9	錾子	自定	1 把	考生准备
10	钢丝刷	自定	1 把	考生准备
11	角向磨光机	自定	1 台	考生准备

3. 考核时限

（1）基本时间

准备时间 25 min；正式操作时间 45 min（不包括组对时间）。

（2）时间允差

操作超过规定时间 5 min（包括 5 min）以内扣总分 3 分，超时 5 min 以上本题零分。

4. 评分项目及标准

评分项目	评分要点	配分比重（%）	评分标准及扣分
1. 准备工作	工具、用具准备齐全	10	自备工具少一件扣 2 分，扣完为止
2. 焊缝外观	焊缝表面不允许有焊瘤、气孔、夹渣等缺陷	10	出现任何一种缺陷不得分
	焊缝咬边深度小于等于 0.5 mm，两侧咬边总长度不超过焊缝有效长度的 10%	10	焊缝咬边深度小于等于 0.5 mm 累计长度每 5 mm 扣 2 分；累计长度超过焊缝有效长度的 10%不得分；咬边深度大于 0.5 mm 不得分
	焊缝凹凸度小于等于 1.5 mm	5	焊缝凹凸度大于 1.5 mm 时不得分
	焊脚尺寸 $k=\delta$（板厚）+（0～3）mm	10	每超标一处扣 5 分，扣完为止
	两板之间夹角为 90°±3°	5	超标不得分
	外观成形美观，焊纹均匀、细密、高低宽窄一致	10	焊缝平整，焊纹不均匀，扣 2 分；外观成形一般，焊缝平直，局部高低宽窄不一致，扣 3 分；焊缝弯曲，高低宽窄明显不一致，有表面焊接缺陷，不得分
3. 宏观金相检验	根部熔深大于等于 0.5 mm	10	根部熔深小于 0.5 mm 时不得分
	条状缺陷	10	尺寸小于等于 0.5 mm，数量不多于 3 个时，每个扣 1 分，数量超过 3 个，不得分；尺寸大于 0.5 mm 且小于等于 1.5 mm，数量不多于 1 个时，扣 5 分，数量多于 1 个时，不得分；尺寸大于 1.5 mm 时不得分
	点状缺陷	10	尺寸小于等于 0.5 mm，数量不多于 3 个时，每个扣 2 分，数量超过 3 个，不得分；尺寸大于 0.5 mm 且小于等于 1.5 mm，数量不多于 1 个时，扣 5 分，数量多于 1 个时，不得分；尺寸大于 1.5 mm 时不得分
4. 否定项	焊缝出现裂纹、未熔合、烧穿缺陷；焊接操作时，随意改变试件操作位置；焊缝原始表面被破坏；超时 5 min		出现任何一项，按零分处理

续表

评分项目	评分要点	配分比重（%）	评分标准及扣分
5. 安全文明生产	严格按操作规程操作	10	劳保用品穿戴不全，扣 2 分；焊接过程中有违反操作规程的现象，根据情况扣 2～5 分；焊接完毕，场地清理不干净，工具码放不整齐，扣 3 分
合计		100	

【题目 3】厚度 $\delta=8$ mm 低碳钢板角接接头焊条电弧焊

1. 考核要求

（1）必须穿戴劳动保护用品。

（2）试件坡口形式：V 形。

（3）焊前将试件坡口及两侧 20 mm 范围内的铁锈、油污、氧化物等清理干净，使其露出金属光泽。

（4）间隙自定。

（5）定位焊位于角接头的首尾两处，组对时进行刚性固定。长度小于等于 15 mm。定位焊时允许采用反变形。

（6）焊接位置为横焊。

（7）定位装配后，将装配好的试件固定在操作架上；试件一经施焊不得改变焊接位置。

（8）焊接完毕，关闭电焊机，焊缝表面清理干净，并保持焊缝原始状态，不允许补焊、返修及修磨。场地清理干净，工具摆放整齐。

（9）符合安全，文明生产。

2. 准备工作

（1）材料准备

序号	名称	规格	数量	备注
1	Q235	300 mm×150 mm×8 mm	2 件/人	板厚允许在 8～12 mm 范围内选取
2	E4303 焊条	ϕ3.2 mm、ϕ4 mm	各 10 根/人	焊条可在 100～150℃范围内烘干，保温 1～1.5 h

试件形状及尺寸：

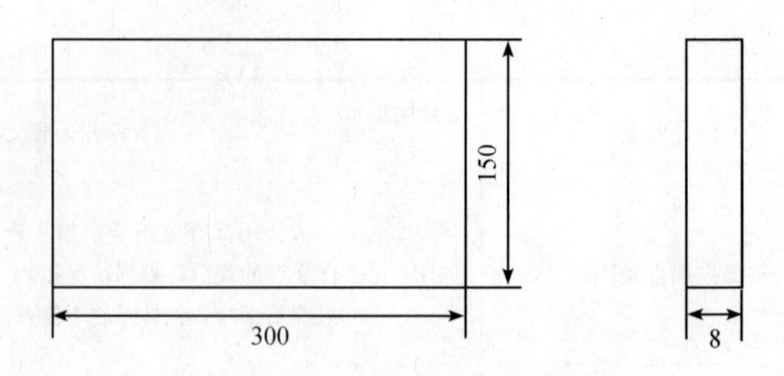

（2）设备准备

序号	名称	规格	数量	备注
1	交流或直流焊机	根据实际情况确定	1 台/工位	鉴定站准备
2	焊条烘干箱	根据实际情况确定	2 台/鉴定站	鉴定站准备
3	焊条保温筒	根据实际情况确定	1 个/工位	鉴定站准备

（3）工具、量具准备

序号	名称	规格	数量	备注
1	焊接检验尺	HJC—40	不少于 3 把	鉴定站准备
2	钢直尺	根据实际情况确定	不少于 3 把	鉴定站准备
3	放大镜	5 倍	不少于 3 把	鉴定站准备
4	钢印		2 套	鉴定站准备
5	电焊面罩	自定	1 个	考生准备
6	电焊手套	自定	1 副	考生准备
7	锉刀	自定	1 把	考生准备
8	敲渣锤	自定	1 把	考生准备
9	錾子	自定	1 把	考生准备
10	钢丝刷	自定	1 把	考生准备
11	角向磨光机	自定	1 台	考生准备

3. 考核时限

（1）基本时间

准备时间 25 min；正式操作时间 45 min（不包括组对时间）。

（2）时间允差

操作超过规定时间 5 min（包括 5 min）以内扣总分 3 分，超时 5 min 以上本题零分。

4. 评分项目及标准

评分项目	评分要点	配分比重（%）	评分标准及扣分
1. 准备工作	工具、用具准备齐全	10	自备工具少一件扣 2 分，扣完为止
2. 焊缝外观	焊缝表面及背面不允许有焊瘤、气孔、夹渣等缺陷	10	出现任何一种缺陷不得分

续表

评分项目	评分要点	配分比重（%）	评分标准及扣分
2. 焊缝外观	焊缝咬边深度小于等于 0.5 mm，两侧咬边总长度不超过焊缝有效长度的 10%	10	焊缝咬边深度小于等于 0.5 mm 累计长度每 5 mm 扣 2 分；累计长度超过焊缝有效长度的 10%不得分；咬边深度大于 0.5 mm 不得分
	焊缝凹凸度小于等于 1.5 mm	5	焊缝凹凸度大于 1.5 mm 时不得分
	焊脚尺寸 $k=\delta$（板厚）+（0～3）mm	10	每超标一处扣 5 分，扣完为止
	两板之间夹角为 90°±3°	5	超标不得分
	外观成形美观，焊纹均匀、细密、高低宽窄一致	10	焊缝平整，焊纹不均匀，扣 2 分；外观成形一般，焊缝平直，局部高低宽窄不一致，扣 3 分；焊缝弯曲，高低宽窄明显不一致，有表面焊接缺陷，不得分
3. 宏观金相检验	根部熔深大于等于 0.5 mm	10	根部熔深小于 0.5 mm 时不得分
	条状缺陷	10	尺寸小于等于 0.5 mm，数量不多于 3 个时，每个扣 1 分，数量超过 3 个，不得分；尺寸大于 0.5 mm 且小于等于 1.5 mm，数量不多于 1 个时，扣 5 分，数量多于 1 个时，不得分；尺寸大于 1.5 mm 时不得分
	点状缺陷	10	尺寸小于等于 0.5 mm，数量不多于 3 个时，每个扣 2 分，数量超过 3 个，不得分；尺寸大于 0.5 mm 且小于等于 1.5 mm，数量不多于 1 个时，扣 5 分，数量多于 1 个时，不得分；尺寸大于 1.5 mm 时不得分
4. 否定项	焊缝出现裂纹、未熔合、烧穿缺陷；焊接操作时，随意改变试件操作位置；焊缝原始表面被破坏；超时 5 min		出现任何一项，按零分处理
5. 安全文明生产	严格按操作规程操作	10	劳保用品穿戴不全，扣 2 分；焊接过程中有违反操作规程的现象，根据情况扣 2～5 分；焊接完毕，场地清理不干净，工具码放不整齐，扣 3 分
合计		100	

【题目 4】厚度 $\delta=8$ mm 低合金钢板角接接头焊条电弧焊

1. 考核要求

（1）必须穿戴劳动保护用品。

（2）试件坡口形式：V 形。

（3）焊前将试件坡口及两侧 20 mm 范围内的铁锈、油污、氧化物等清理干净，使其露出金属光泽。

（4）间隙自定。

（5）定位焊位于角接头的首尾两处，组对时进行刚性固定。长度小于等于15 mm。定位焊时允许采用反变形。

（6）焊接位置为横焊。

（7）定位装配后，将装配好的试件固定在操作架上；试件一经施焊不得改变焊接位置。

（8）焊接完毕，关闭电焊机，焊缝表面清理干净，并保持焊缝原始状态，不允许补焊、返修及修磨。场地清理干净，工具摆放整齐。

（9）符合安全，文明生产。

2. 准备工作

（1）材料准备

序号	名称	规格	数量	备注
1	Q345	300 mm×150 mm×8 mm	2件/人	板厚允许在8～12 mm范围内选取
2	E5015焊条	ϕ3.2 mm、ϕ4 mm	各10根/人	焊条可在350～400℃范围内烘干，保温1～1.5 h

试件形状及尺寸：

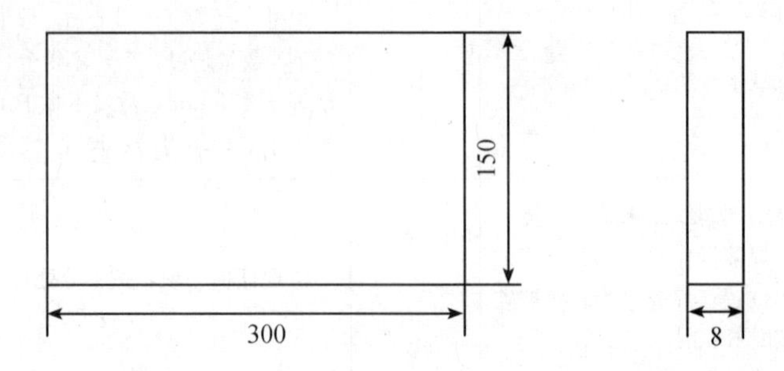

（2）设备准备

序号	名称	规格	数量	备注
1	直流焊机	根据实际情况确定	1台/工位	鉴定站准备
2	焊条烘干箱	根据实际情况确定	2台/鉴定站	鉴定站准备
3	焊条保温筒	根据实际情况确定	1个/工位	鉴定站准备

（3）工具、量具准备

序号	名称	规格	数量	备注
1	焊接检验尺	HJC-40	不少于3把	鉴定站准备
2	钢直尺	根据实际情况确定	不少于3把	鉴定站准备

续表

序号	名称	规格	数量	备注
3	放大镜	5 倍	不少于 3 把	鉴定站准备
4	钢印		2 套	鉴定站准备
5	电焊面罩	自定	1 个	考生准备
6	电焊手套	自定	1 副	考生准备
7	锉刀	自定	1 把	考生准备
8	敲渣锤	自定	1 把	考生准备
9	錾子	自定	1 把	考生准备
10	钢丝刷	自定	1 把	考生准备
11	角向磨光机	自定	1 台	考生准备

3. 考核时限

(1) 基本时间

准备时间 25 min；正式操作时间 45 min（不包括组对时间）。

(2) 时间允差

操作超过规定时间 5 min（包括 5 min）以内扣总分 3 分，超时 5 min 以上本题零分。

4. 评分项目及标准

评分项目	评分要点	配分比重（%）	评分标准及扣分
1. 准备工作	工具、用具准备齐全	10	自备工具少一件扣 2 分，扣完为止
2. 焊缝外观	焊缝表面及背面不允许有焊瘤、气孔、夹渣等缺陷	10	出现任何一种缺陷不得分
	焊缝咬边深度小于等于 0.5 mm，两侧咬边总长度不超过焊缝有效长度的 10%	10	焊缝咬边深度小于等于 0.5 mm，累计长度每 5 mm 扣 2 分；累计长度超过焊缝有效长度的 10% 不得分；咬边深度大于 0.5 mm 不得分
	焊缝凹凸度小于等于 1.5 mm	5	焊缝凹凸度大于 1.5 mm 时不得分
	焊脚尺寸 $k=\delta$（板厚）+（0～3）mm	10	每超标一处扣 5 分，扣完为止
	两板之间夹角为 $90^{\circ}\pm3^{\circ}$	5	超标不得分
	外观成形美观，焊纹均匀、细密、高低宽窄一致	10	焊缝平整，焊纹不均匀，扣 2 分；外观成形一般，焊缝平直，局部高低宽窄不一致，扣 3 分；焊缝弯曲，高低宽窄明显不一致，有表面焊接缺陷，不得分
3. 宏观金相检验	根部熔深大于等于 0.5 mm	10	根部熔深小于 0.5 mm 时不得分

续表

评分项目	评分要点	配分比重（%）	评分标准及扣分
3. 宏观金相检验	条状缺陷	10	尺寸小于等于 0.5 mm，数量不多于 3 个时，每个扣 1 分，数量超过 3 个，不得分；尺寸大于 0.5 mm 且小于等于 1.5 mm，数量不多于 1 个时，扣 5 分，数量多于 1 个时，不得分；尺寸大于 1.5 mm 时不得分
	点状缺陷	10	尺寸小于等于 0.5 mm，数量不多于 3 个时，每个扣 2 分，数量超过 3 个，不得分；尺寸大于 0.5 mm 且小于等于 1.5 mm，数量不多于 1 个时，扣 5 分，数量多于 1 个时，不得分；尺寸大于 1.5 mm 时不得分
4. 否定项	焊缝出现裂纹、未熔合、烧穿缺陷；焊接操作时，随意改变试件操作位置；焊缝原始表面被破坏；超时 5 min		出现任何一项，按零分处理
5. 安全文明生产	严格按操作规程操作	10	劳保用品穿戴不全，扣 2 分；焊接过程中有违反操作规程的现象，根据情况扣 2～5 分；焊接完毕，场地清理不干净，工具码放不整齐，扣 3 分
合计		100	

【题目 5】 厚度 $\delta=8$ mm 的低碳钢板对接接头焊条电弧焊

1. 考核要求

（1）必须穿戴劳动保护用品。

（2）试件坡口形式：V 形。

（3）焊前将试件坡口及两侧 20 mm 范围内的铁锈、油污、氧化物等清理干净，使其露出金属光泽。

（4）间隙自定。

（5）定位焊在试件背面两端 10 mm 范围内。定位焊时允许采用反变形。

（6）单面焊双面成形。

（7）焊接位置为平焊（1 G）。

（8）定位装配后，将装配好的试件固定在操作架上；试件一经施焊不得改变焊接位置。

（9）焊接完毕，关闭电焊机，焊缝表面清理干净，并保持焊缝原始状态，不允许补焊、返修及修磨。场地清理干净，工具摆放整齐。

（10）符合安全，文明生产。

2. 准备工作

（1）材料准备

序号	名称	规格	数量	备注
1	Q235	300 mm×150 mm×8 mm	2 件/人	坡口面角度 32°±2°，板厚允许在大于等于 6 mm 范围内选取，并相应改变焊接材料用量
2	E4303 焊条	ϕ3.2 mm、ϕ4 mm	各 8 根/人	焊条可在 100～150℃ 范围内烘干，保温 1～1.5 h

试件形状及尺寸：

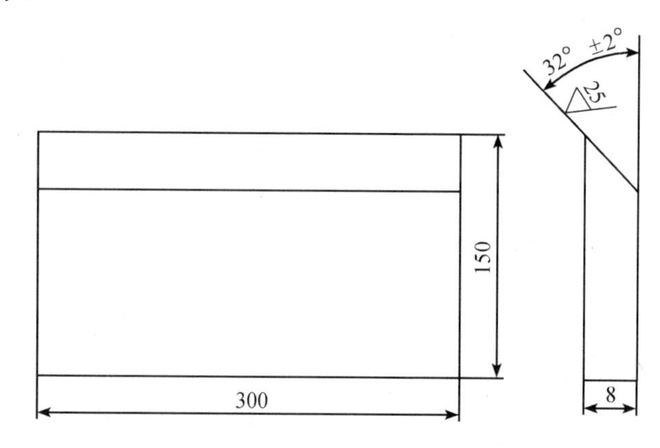

（2）设备准备

序号	名称	规格	数量	备注
1	交流或直流焊机	根据实际情况确定	1 台/工位	鉴定站准备
2	焊条烘干箱	根据实际情况确定	2 台/鉴定站	鉴定站准备
3	焊条保温筒	根据实际情况确定	1 个/工位	鉴定站准备

（3）工具、量具准备

序号	名称	规格	数量	备注
1	焊接检验尺	HJC—40	不少于 3 把	鉴定站准备
2	钢直尺	根据实际情况确定	不少于 3 把	鉴定站准备
3	放大镜	5 倍	不少于 3 把	鉴定站准备
4	钢印		2 套	鉴定站准备
5	电焊面罩	自定	1 个	考生准备
6	电焊手套	自定	1 副	考生准备
7	锉刀	自定	1 把	考生准备
8	敲渣锤	自定	1 把	考生准备
9	錾子	自定	1 把	考生准备
10	钢丝刷	自定	1 把	考生准备
11	角向磨光机	自定	1 台	考生准备

3. 考核时限

（1）基本时间

准备时间 25 min；正式操作时间 40 min（不包括组对时间）。

（2）时间允差

操作超过规定时间 5 min（包括 5 min）以内扣总分 3 分，超时 5 min 以上本题零分。

4. 评分项目及标准

评分项目	评分要点	配分比重（%）	评分标准及扣分
1. 准备工作	工具、用具准备齐全	10	自备工具少一件扣 2 分，扣完为止
2. 焊缝外观	焊缝表面不允许有焊瘤、气孔、夹渣等缺陷	5	出现任何一种缺陷不得分
	焊缝咬边深度小于等于 0.5 mm，两侧咬边总长度不超过焊缝有效长度的 10%	5	焊缝咬边深度小于等于 0.5 mm，累计长度每 5 mm 扣 1 分；累计长度超过焊缝有效长度的 10%不得分；咬边深度大于 0.5 mm 不得分
	背面凹坑深度小于等于 20%δ 且小于等于 2 mm，累计长度不超过焊缝有效长度的 10%	5	深度小于等于 20%δ 且小于等于 2 mm 时，每 10 mm 长度扣 1 分；累计长度超过焊缝有效长度的 10%时，不得分；深度大于 2 mm 时，不得分
	焊缝余高 0～3 mm，余高差小于等于 2 mm，焊缝宽度比坡口每侧增宽 0.5～2.5 mm，宽度差小于等于 3 mm	5	每种尺寸超标一处扣 1 分，扣完为止
	背面焊缝余高小于等于 3 mm	5	超标不得分
	错边小于等于 10%δ 且小于等于 2 mm	5	超标不得分
	焊后角变形小于等于 3°	5	超标不得分
	外观成形美观，焊纹均匀、细密、高低宽窄一致	5	焊缝平整，焊纹不均匀，扣 2 分；外观成形一般，焊缝平直，局部高低宽窄不一致，扣 3 分；焊缝弯曲，高低宽窄明显不一致，有表面焊接缺陷，不得分
3. 内部质量	X 射线探伤检验	40	Ⅰ级片不扣分；Ⅱ级片扣 7 分；Ⅲ级片扣 15 分；Ⅲ级片以下不得分
4. 否定项	焊缝出现裂纹、未熔合、烧穿缺陷；焊接操作时，随意改变试件操作位置；焊缝原始表面被破坏；超时 5 min		出现任何一项，按零分处理

续表

评分项目	评分要点	配分比重（%）	评分标准及扣分
5. 安全文明生产	严格按操作规程操作	10	劳保用品穿戴不全，扣 2 分；焊接过程中有违反操作规程的现象，根据情况扣 2～5 分；焊接完毕，场地清理不干净，工具码放不整齐，扣 3 分
合计		100	

【题目 6】厚度 $\delta=12$ mm 的低碳钢板对接接头焊条电弧焊

1. 考核要求

（1）必须穿戴劳动保护用品。

（2）试件坡口形式：V 形。

（3）焊前将试件坡口及两侧 20 mm 范围内的铁锈、油污、氧化物等清理干净，使其露出金属光泽。

（4）间隙自定。

（5）定位焊在试件背面两端 10 mm 范围内。定位焊时允许采用反变形。

（6）单面焊双面成形。

（7）焊接位置为平焊（1 G）。

（8）定位装配后，将装配好的试件固定在操作架上；试件一经施焊不得改变焊接位置。

（9）焊接完毕，关闭电焊机，焊缝表面清理干净，并保持焊缝原始状态，不允许补焊、返修及修磨。场地清理干净，工具摆放整齐。

（10）符合安全，文明生产。

2. 准备工作

（1）材料准备

序号	名称	规格	数量	备注
1	Q235	300 mm×150 mm×12 mm	2 件/人	坡口面角度 32°±2°，板厚允许在大于等于 6 mm 范围内选取，并相应改变焊接材料用量
2	E4303 焊条	ϕ3.2 mm、ϕ4 mm	各 10 根/人	焊条可在 100～150℃ 范围内烘干，保温 1～1.5 h

试件形状及尺寸：

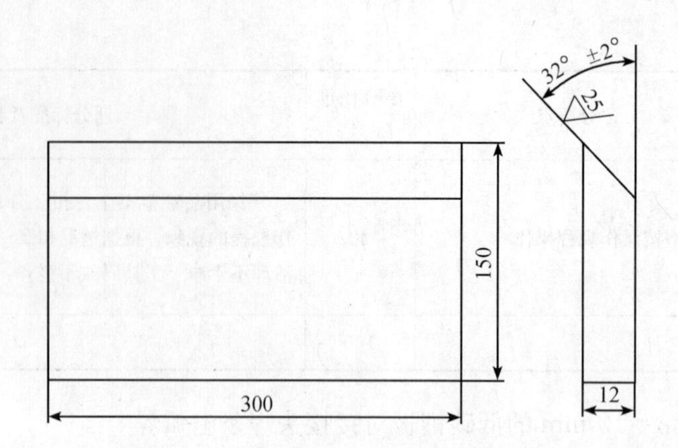

（2）设备准备

序号	名称	规格	数量	备注
1	交流或直流焊机	根据实际情况确定	1 台/工位	鉴定站准备
2	焊条烘干箱	根据实际情况确定	2 台/鉴定站	鉴定站准备
3	焊条保温筒	根据实际情况确定	1 个/工位	鉴定站准备

（3）工具、量具准备

序号	名称	规格	数量	备注
1	焊接检验尺	HJC—40	不少于 3 把	鉴定站准备
2	钢直尺	根据实际情况确定	不少于 3 把	鉴定站准备
3	放大镜	5 倍	不少于 3 把	鉴定站准备
4	钢印		2 套	鉴定站准备
5	电焊面罩	自定	1 个	考生准备
6	电焊手套	自定	1 副	考生准备
7	锉刀	自定	1 把	考生准备
8	敲渣锤	自定	1 把	考生准备
9	錾子	自定	1 把	考生准备
10	钢丝刷	自定	1 把	考生准备
11	角向磨光机	自定	1 台	考生准备

3. 考核时限

（1）基本时间

准备时间 25 min；正式操作时间 45 min（不包括组对时间）。

（2）时间允差

操作超过规定时间 5 min（包括 5 min）以内扣总分 3 分，超时 5 min 以上本题零分。

4. 评分项目及标准

评分项目	评分要点	配分比重（%）	评分标准及扣分
1. 准备工作	工具、用具准备齐全	10	自备工具少一件扣 2 分，扣完为止
2. 焊缝外观	焊缝表面不允许有焊瘤、气孔、夹渣等缺陷	5	出现任何一种缺陷不得分
	焊缝咬边深度小于等于 0.5 mm，两侧咬边总长度不超过焊缝有效长度的 10%	5	焊缝咬边深度小于等于 0.5 mm，累计长度每 5 mm 扣 1 分；累计长度超过焊缝有效长度的 10% 不得分；咬边深度大于 0.5 mm 不得分
	背面凹坑深度小于等于 20%δ 且小于等于 2 mm，累计长度不超过焊缝有效长度的 10%	5	深度小于等于 20%δ 且小于等于 2 mm 时，每 10 mm 长度扣 1 分；累计长度超过焊缝有效长度的 10%时，不得分；深度大于 2 mm 时，不得分
	焊缝余高 0～3 mm，余高差小于等于 2 mm，焊缝宽度比坡口每侧增宽 0.5～2.5 mm，宽度差小于等于 3 mm	5	每种尺寸超标一处扣 1 分，扣完为止
	背面焊缝余高小于等于 3 mm	5	超标不得分
	错边小于等于 10%δ 且小于等于 2 mm	5	超标不得分
	焊后角变形小于等于 3°	5	超标不得分
	外观成形美观，焊纹均匀、细密、高低宽窄一致	5	焊缝平整，焊纹不均匀，扣 2 分；外观成形一般，焊缝平直，局部高低宽窄不一致，扣 3 分；焊缝弯曲，高低宽窄明显不一致，有表面焊接缺陷，不得分
3. 内部质量	X 射线探伤检验	40	Ⅰ级片不扣分；Ⅱ级片扣 7 分；Ⅲ级片扣 15 分；Ⅲ级片以下不得分
4. 否定项	焊缝出现裂纹、未熔合、烧穿缺陷；焊接操作时，随意改变试件操作位置；焊缝原始表面被破坏；超时 5 min		出现任何一项，按零分处理
5. 安全文明生产	严格按操作规程操作	10	劳保用品穿戴不全，扣 2 分；焊接过程中有违反操作规程的现象，根据情况扣 2～5 分；焊接完毕，场地清理不干净，工具码放不整齐，扣 3 分
合计		100	

【题目 7】厚度 $\delta=8$ mm 的低合金钢板对接接头焊条电弧焊

1. 考核要求

（1）必须穿戴劳动保护用品。

（2）试件坡口形式：V 形。

（3）焊前将试件坡口及两侧 20 mm 范围内的铁锈、油污、氧化物等清理干净，使其露出金属光泽。

（4）间隙自定。

（5）定位焊在试件背面两端 10 mm 范围内。定位焊时允许采用反变形。

（6）单面焊双面成形。

（7）焊接位置为平焊（1 G）。

（8）定位装配后，将装配好的试件固定在操作架上；试件一经施焊不得改变焊接位置。

（9）焊接完毕，关闭电焊机，焊缝表面清理干净，并保持焊缝原始状态，不允许补焊、返修及修磨。场地清理干净，工具摆放整齐。

（10）符合安全，文明生产。

2. 准备工作

（1）材料准备

序号	名称	规格	数量	备注
1	Q345	300 mm×150 mm×8 mm	2 件/人	坡口面角度 32°±2°，板厚允许在大于等于 6 mm 范围内选取，并相应改变焊接材料用量
2	E5015 焊条	ϕ3.2 mm、ϕ4 mm	各 8 根/人	焊条可在 350～400℃范围内烘干，保温 1～1.5 h

试件形状及尺寸：

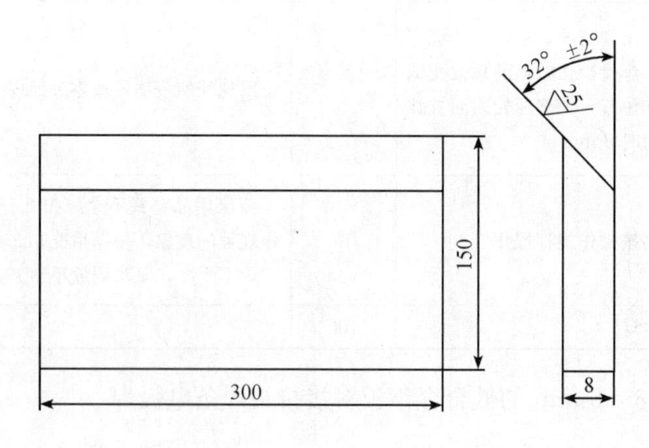

（2）设备准备

序号	名称	规格	数量	备注
1	直流焊机	根据实际情况确定	1 台/工位	鉴定站准备
2	焊条烘干箱	根据实际情况确定	2 台/鉴定站	鉴定站准备
3	焊条保温筒	根据实际情况确定	1 个/工位	鉴定站准备

（3）工具、量具准备

序号	名称	规格	数量	备注
1	焊接检验尺	HJC－40	不少于 3 把	鉴定站准备
2	钢直尺	根据实际情况确定	不少于 3 把	鉴定站准备
3	放大镜	5 倍	不少于 3 把	鉴定站准备
4	钢印		2 套	鉴定站准备
5	电焊面罩	自定	1 个	考生准备
6	电焊手套	自定	1 副	考生准备
7	锉刀	自定	1 把	考生准备
8	敲渣锤	自定	1 把	考生准备
9	錾子	自定	1 把	考生准备
10	钢丝刷	自定	1 把	考生准备
11	角向磨光机	自定	1 台	考生准备

3. 考核时限

（1）基本时间

准备时间 25 min；正式操作时间 40 min（不包括组对时间）。

（2）时间允差

操作超过规定时间 5 min（包括 5 min）以内扣总分 3 分，超时 5 min 以上本题零分。

4. 评分项目及标准

评分项目	评分要点	配分比重（%）	评分标准及扣分
1. 准备工作	工具、用具准备齐全	10	自备工具少一件扣 2 分，扣完为止
2. 焊缝外观	焊缝表面不允许有焊瘤、气孔、夹渣等缺陷	5	出现任何一种缺陷不得分
	焊缝咬边深度小于等于 0.5 mm，两侧咬边总长度不超过焊缝有效长度的 10%	5	焊缝咬边深度小于等于 0.5 mm，累计长度每 5 mm 扣 1 分；累计长度超过焊缝有效长度的 10%不得分；咬边深度大于 0.5 mm 不得分
	背面凹坑深度小于等于 20%δ 且小于等于 2 mm，累计长度不超过焊缝有效长度的 10%	5	深度小于等于 20%δ 且小于等于 2 mm 时，每 10 mm 长度扣 1 分；累计长度超过焊缝有效长度的 10%时，不得分；深度大于 2 mm 时，不得分

续表

评分项目	评分要点	配分比重（%）	评分标准及扣分
2. 焊缝外观	焊缝余高 0～3 mm，余高差小于等于 2 mm，焊缝宽度比坡口每侧增宽 0.5～2.5 mm，宽度差小于等于 3 mm	5	每种尺寸超标一处扣 1 分，扣完为止
	背面焊缝余高小于等于 3 mm	5	超标不得分
	错边小于等于 10%δ 且小于等于 2 mm	5	超标不得分
	焊后角变形小于等于 3°	5	超标不得分
	外观成形美观，焊纹均匀、细密、高低宽窄一致	5	焊缝平整，焊纹不均匀，扣 2 分；外观成形一般，焊缝平直，局部高低宽窄不一致，扣 3 分；焊缝弯曲，高低宽窄明显不一致，有表面焊接缺陷，不得分
3. 内部质量	X 射线探伤检验	40	Ⅰ级片不扣分；Ⅱ级片扣 7 分；Ⅲ级片扣 15 分；Ⅲ级片以下不得分
4. 否定项	焊缝出现裂纹、未熔合、烧穿缺陷；焊接操作时，随意改变试件操作位置；焊缝原始表面被破坏；超时 5 min		出现任何一项，按零分处理
5. 安全文明生产	严格按操作规程操作	10	劳保用品穿戴不全，扣 2 分；焊接过程中有违反操作规程的现象，根据情况扣 2～5 分；焊接完毕，场地清理不干净，工具码放不整齐，扣 3 分
合计		100	

【题目 8】厚度 $\delta=12$ mm 的低合金钢板对接接头焊条电弧焊

1. 考核要求

（1）必须穿戴劳动保护用品。

（2）试件坡口形式：V 形。

（3）焊前将试件坡口及两侧 20 mm 范围内的铁锈、油污、氧化物等清理干净，使其露出金属光泽。

（4）间隙自定。

（5）定位焊在试件背面两端 10 mm 范围内。定位焊时允许采用反变形。

（6）单面焊双面成形。

（7）焊接位置为平焊（1 G）。

(8) 定位装配后，将装配好的试件固定在操作架上；试件一经施焊不得改变焊接位置。

(9) 焊接完毕，关闭电焊机，焊缝表面清理干净，并保持焊缝原始状态，不允许补焊、返修及修磨。场地清理干净，工具摆放整齐。

(10) 符合安全，文明生产。

2. 准备工作

(1) 材料准备

序号	名称	规格	数量	备注
1	Q345	300 mm×150 mm×12 mm	2 件/人	坡口面角度 32°±2°，板厚允许在大于等于 6 mm 范围内选取，并相应改变焊接材料用量
2	E5015 焊条	ϕ3.2 mm、ϕ4 mm	各 10 根/人	焊条可在 350～400℃范围内烘干，保温 1～1.5 h

试件形状及尺寸：

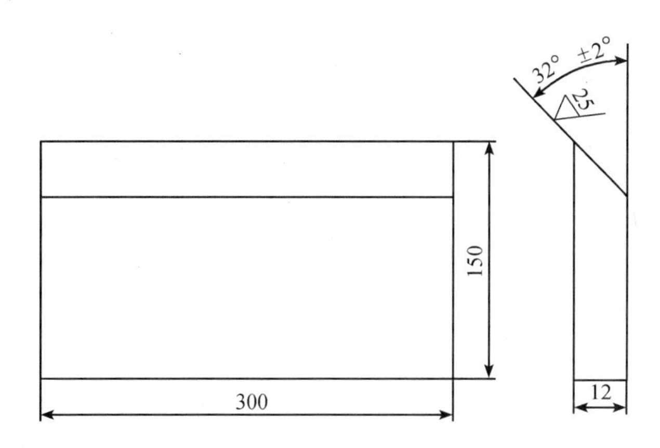

(2) 设备准备

序号	名称	规格	数量	备注
1	直流焊机	根据实际情况确定	1 台/工位	鉴定站准备
2	焊条烘干箱	根据实际情况确定	2 台/鉴定站	鉴定站准备
3	焊条保温筒	根据实际情况确定	1 个/工位	鉴定站准备

(3) 工具、量具准备

序号	名称	规格	数量	备注
1	焊接检验尺	HJC－40	不少于 3 把	鉴定站准备
2	钢直尺	根据实际情况确定	不少于 3 把	鉴定站准备
3	放大镜	5 倍	不少于 3 把	鉴定站准备

续表

序号	名称	规格	数量	备注
4	钢印		2 套	鉴定站准备
5	电焊面罩	自定	1 个	考生准备
6	电焊手套	自定	1 副	考生准备
7	锉刀	自定	1 把	考生准备
8	敲渣锤	自定	1 把	考生准备
9	錾子	自定	1 把	考生准备
10	钢丝刷	自定	1 把	考生准备
11	角向磨光机	自定	1 台	考生准备

3. 考核时限

（1）基本时间

准备时间 25 min；正式操作时间 45 min（不包括组对时间）。

（2）时间允差

操作超过规定时间 5 min（包括 5 min）以内扣总分 3 分，超时 5 min 以上本题零分。

4. 评分项目及标准

评分项目	评分要点	配分比重（%）	评分标准及扣分
1. 准备工作	工具、用具准备齐全	10	自备工具少一件扣 2 分，扣完为止
2. 焊缝外观	焊缝表面不允许有焊瘤、气孔、夹渣等缺陷	5	出现任何一种缺陷不得分
	焊缝咬边深度小于等于 0.5 mm，两侧咬边总长度不超过焊缝有效长度的 10%	5	焊缝咬边深度小于等于 0.5 mm，累计长度每 5 mm 扣 1 分；累计长度超过焊缝有效长度的 10% 不得分；咬边深度大于 0.5 mm 不得分
	背面凹坑深度小于等于 20%δ 且小于等于 2 mm，累计长度不超过焊缝有效长度的 10%	5	深度小于等于 20% 且 δ 小于等于 2 mm 时，每 10 mm 长度扣 1 分；累计长度超过焊缝有效长度的 10% 时，不得分；深度大于 2 mm 时，不得分
	焊缝余高 0～3 mm，余高差小于等于 2 mm，焊缝宽度比坡口每侧增宽 0.5～2.5 mm，宽度差小于等于 3 mm	5	每种尺寸超标一处扣 1 分，扣完为止
	背面焊缝余高小于等于 3 mm	5	超标不得分
	错边小于等于 10%δ 且小于等于 2 mm	5	超标不得分

续表

评分项目	评分要点	配分比重（%）	评分标准及扣分
2. 焊缝外观	焊后角变形小于等于 3°	5	超标不得分
	外观成形美观，焊纹均匀、细密、高低宽窄一致	5	焊缝平整，焊纹不均匀，扣 2 分；外观成形一般，焊缝平直，局部高低宽窄不一致，扣 3 分；焊缝弯曲，高低宽窄明显不一致，有表面焊接缺陷，不得分
3. 内部质量	X 射线探伤检验	40	Ⅰ级片不扣分；Ⅱ级片扣 7 分；Ⅲ级片扣 15 分；Ⅲ级片以下不得分
4. 否定项	焊缝出现裂纹、未熔合、烧穿缺陷；焊接操作时，随意改变试件操作位置；焊缝原始表面被破坏；超时 5 min		出现任何一项，按零分处理
5. 安全文明生产	严格按操作规程操作	10	劳保用品穿戴不全，扣 2 分；焊接过程中有违反操作规程的现象，根据情况扣 2～5 分；焊接完毕，场地清理不干净，工具码放不整齐，扣 3 分
合计		100	

【题目 9】 ϕ60 mm×5 mm 的低碳钢管对接接头水平转动焊条电弧焊

1. 考核要求

（1）必须穿戴劳动保护用品。

（2）试件坡口形式：V 形。

（3）焊前将试件坡口及两侧 20 mm 范围内的铁锈、油污、氧化物等清理干净，使其露出金属光泽。

（4）间隙自定。

（5）单面焊双面成形。

（6）焊接位置为水平转动（1 G）。

（7）焊接完毕，关闭电焊机，焊缝表面清理干净，并保持焊缝原始状态，不允许补焊、返修及修磨。场地清理干净，工具摆放整齐。

（8）符合安全，文明生产。

2. 准备工作

（1）材料准备

序号	名称	规格	数量	备注
1	20 无缝钢管	ϕ60 mm×5 mm×100 mm	2 件/人	坡口面角度 32°±2°，钢管直径允许在大于等于 60 mm 范围内选取，壁厚不限，并相应改变焊接材料用量
2	E4303 焊条	ϕ2.5 mm	10 根/人	焊条可在 100～150℃范围内烘干，保温 1～1.5 h

试件形状及尺寸：

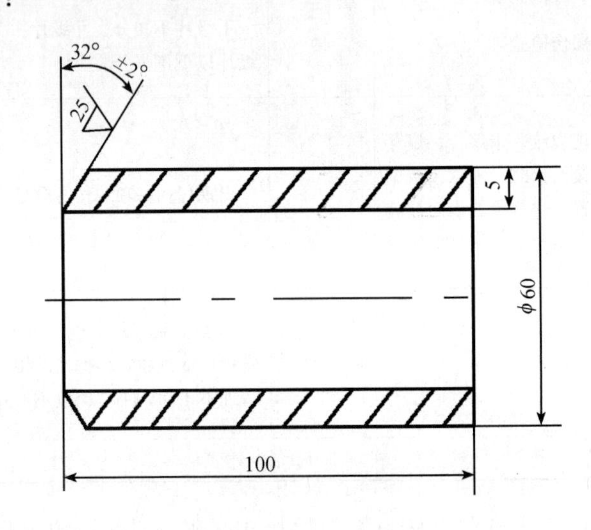

（2）设备准备

序号	名称	规格	数量	备注
1	交流或直流焊机	根据实际情况确定	1 台/工位	鉴定站准备
2	焊条烘干箱	根据实际情况确定	2 台/鉴定站	鉴定站准备
3	焊条保温筒	根据实际情况确定	1 个/工位	鉴定站准备

（3）工具、量具准备

序号	名称	规格	数量	备注
1	焊接检验尺	HJC-40	不少于 3 把	鉴定站准备
2	钢直尺	根据实际情况确定	不少于 3 把	鉴定站准备
3	放大镜	5 倍	不少于 3 把	鉴定站准备
4	钢印		2 套	鉴定站准备
5	电焊面罩	自定	1 个	考生准备
6	电焊手套	自定	1 副	考生准备
7	锉刀	自定	1 把	考生准备

续表

序号	名称	规格	数量	备注
8	敲渣锤	自定	1 把	考生准备
9	錾子	自定	1 把	考生准备
10	钢丝刷	自定	1 把	考生准备
11	角向磨光机	自定	1 台	考生准备

3. 考核时限

（1）基本时间

准备时间 25 min；正式操作时间 30 min（不包括组对时间）。

（2）时间允差

操作超过规定时间 5 min（包括 5 min）以内扣总分 3 分，超时 5 min 以上本题零分。

4. 评分项目及标准

评分项目	评分要点	配分比重（%）	评分标准及扣分
1. 准备工作	工具、用具准备齐全	10	自备工具少一件扣 2 分，扣完为止
2. 焊缝外观	焊缝表面不允许有焊瘤、气孔、夹渣等缺陷	10	出现任何一种缺陷不得分
	焊缝咬边深度小于等于 0.5 mm，两侧咬边总长度不超过焊缝有效长度的 10%	10	焊缝咬边深度小于等于 0.5 mm，累计长度每 5 mm 扣 1 分；累计长度超过焊缝有效长度的 10%不得分；咬边深度大于 0.5 mm 不得分
	背面凹坑深度小于等于 20%δ 且小于等于 2 mm，累计长度不超过焊缝有效长度的 10%	10	深度小于等于 20%δ 且小于等于 2 mm 时，每 10 mm 长度扣 1 分；累计长度超过焊缝有效长度的 10%时，不得分；深度大于 2 mm 时，不得分
	焊缝余高 0～3 mm，余高差小于等于 2 mm，焊缝宽度比坡口每侧增宽 0.5～2.5 mm，宽度差小于等于 3 mm	10	每种尺寸超标一处扣 1 分，扣完为止
	背面焊缝余高小于等于 3 mm	7	超标不得分
	错边小于等于 10%δ 且小于等于 2 mm	8	超标不得分
	外观成形美观，焊纹均匀、细密、高低宽窄一致	5	焊缝平整，焊纹不均匀，扣 2 分；外观成形一般，焊缝平直，局部高低宽窄不一致，扣 3 分；焊缝弯曲，高低宽窄明显不一致，有表面焊接缺陷，不得分

续表

评分项目	评分要点	配分比重（%）	评分标准及扣分
3. 内部质量	X射线探伤检验	20	Ⅰ级片不扣分；Ⅱ级片扣7分；Ⅲ级片扣15分；Ⅲ级片以下不得分
4. 否定项	焊缝出现裂纹、未熔合、烧穿缺陷；焊接操作时，随意改变试件操作位置；焊缝原始表面被破坏；超时5 min		出现任何一项，按零分处理
5. 安全文明生产	严格按操作规程操作	10	劳保用品穿戴不全，扣2分；焊接过程中有违反操作规程的现象，根据情况扣2～5分；焊接完毕，场地清理不干净，工具码放不整齐，扣3分
合计		100	

【题目10】ϕ108 mm×8 mm的低碳钢管对接接头水平转动焊条电弧焊

1. 考核要求

（1）必须穿戴劳动保护用品。

（2）试件坡口形式：V形。

（3）焊前将试件坡口及两侧20 mm范围内的铁锈、油污、氧化物等清理干净，使其露出金属光泽。

（4）间隙自定。

（5）单面焊双面成形。

（6）焊接位置为水平转动（1 G）。

（7）焊接完毕，关闭电焊机，焊缝表面清理干净，并保持焊缝原始状态，不允许补焊、返修及修磨。场地清理干净，工具摆放整齐。

（8）符合安全，文明生产。

2. 准备工作

（1）材料准备

序号	名称	规格	数量	备注
1	20无缝钢管	ϕ108 mm×8 mm×100 mm	2件/人	坡口面角度32°±2°，钢管直径允许在大于等于60 mm范围内选取，壁厚不限，并相应改变焊接材料用量
2	E4315焊条	ϕ3.2 mm	20根/人	焊条可在350～400℃范围内烘干，保温1～1.5 h

试件形状及尺寸：

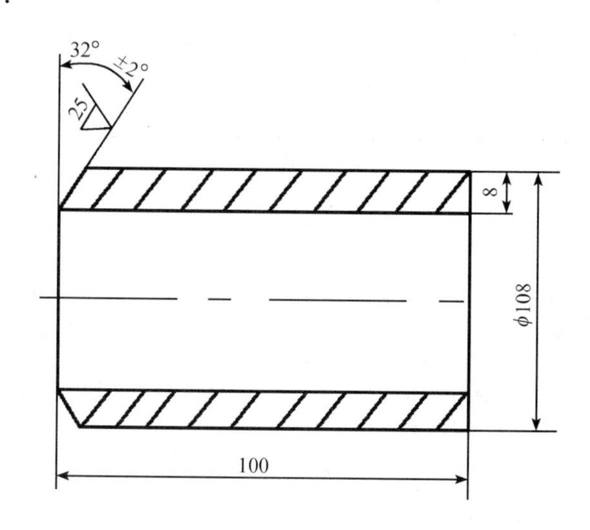

（2）设备准备

序号	名称	规格	数量	备注
1	直流焊机	根据实际情况确定	1 台/工位	鉴定站准备
2	焊条烘干箱	根据实际情况确定	2 台/鉴定站	鉴定站准备
3	焊条保温筒	根据实际情况确定	1 个/工位	鉴定站准备

（3）工具、量具准备

序号	名称	规格	数量	备注
1	焊接检验尺	HJC—40	不少于 3 把	鉴定站准备
2	钢直尺	根据实际情况确定	不少于 3 把	鉴定站准备
3	放大镜	5 倍	不少于 3 把	鉴定站准备
4	钢印		2 套	鉴定站准备
5	电焊面罩	自定	1 个	考生准备
6	电焊手套	自定	1 副	考生准备
7	锉刀	自定	1 把	考生准备
8	敲渣锤	自定	1 把	考生准备
9	錾子	自定	1 把	考生准备
10	钢丝刷	自定	1 把	考生准备
11	角向磨光机	自定	1 台	考生准备

3. 考核时限

（1）基本时间

准备时间 25 min；正式操作时间 45 min（不包括组对时间）。

（2）时间允差

操作超过规定时间5 min（包括5 min）以内扣总分3分，超时5 min以上本题零分。

4. 评分项目及标准

评分项目	评分要点	配分比重（%）	评分标准及扣分
1. 准备工作	工具、用具准备齐全	10	自备工具少一件扣2分，扣完为止
2. 焊缝外观	焊缝表面不允许有焊瘤、气孔、夹渣等缺陷	10	出现任何一种缺陷不得分
	焊缝咬边深度小于等于0.5 mm，两侧咬边总长度不超过焊缝有效长度的10%	10	焊缝咬边深度小于等于0.5 mm，累计长度每5 mm扣1分；累计长度超过焊缝有效长度的10%不得分；咬边深度大于0.5 mm不得分
	背面凹坑深度小于等于20%δ且小于等于2 mm，累计长度不超过焊缝有效长度的10%	10	深度小于等于20%δ且小于等于2 mm时，每10 mm长度扣1分；累计长度超过焊缝有效长度的10%时，不得分；深度大于2 mm时，不得分
	焊缝余高0～3 mm，余高差小于等于2 mm，焊缝宽度比坡口每侧增宽0.5～2.5 mm，宽度差小于等于3 mm	10	每种尺寸超标一处扣1分，扣完为止
	背面焊缝余高小于等于3 mm	7	超标不得分
	错边小于等于10%δ且小于等于2 mm	8	超标不得分
	外观成形美观，焊纹均匀、细密、高低宽窄一致	5	焊缝平整，焊纹不均匀，扣2分；外观成形一般，焊缝平直，局部高低宽窄不一致，扣3分；焊缝弯曲，高低宽窄明显不一致，有表面焊接缺陷，不得分
3. 内部质量	X射线探伤检验	20	Ⅰ级片不扣分；Ⅱ级片扣7分；Ⅲ级片扣15分；Ⅲ级片以下不得分
4. 否定项	焊缝出现裂纹、未熔合、烧穿缺陷；焊接操作时，随意改变试件操作位置；焊缝原始表面被破坏；超时5 min		出现任何一项，按零分处理
5. 安全文明生产	严格按操作规程操作	10	劳保用品穿戴不全，扣2分；焊接过程中有违反操作规程的现象，根据情况扣2～5分；焊接完毕，场地清理不干净，工具码放不整齐，扣3分
合计		100	

第 2 章　熔化极气体保护焊

考 核 要 点

操作技能考核范围	考核要点	重要程度
低碳钢板或低合金钢板 T 形接头的 CO_2气体保护焊	厚度 $\delta=6$ mm 的板材 T 形接头角焊缝试件的 CO_2气体保护焊	★★★
低碳钢板或低合金钢板角接接头的 CO_2气体保护焊	厚度 $\delta=8$ mm 的板材角接接头的 CO_2气体保护焊	★★★
低碳钢板或低合金钢板平位对接 CO_2气体保护焊双面焊	厚度 $\delta=8$ mm 的板材平位对接 CO_2气体保护焊双面焊	★★★
背部加衬垫的低碳钢板或低合金钢板平位对接 CO_2气体保护焊	厚度 $\delta=12$ mm 背部加衬垫的低碳钢板或低合金钢板平位对接 CO_2气体保护焊	★★★

注：其中“重要程度”中，“★”为重要程度级别最低，“★★★”为重要程度级别最高。

辅导练习题

【题目 1】厚度 $\delta=6$ mm 低碳钢板 T 形接头的 CO_2气体保护焊

1. 考核要求

（1）必须穿戴劳动保护用品。

（2）必备的工具、用具准备齐全。

（3）焊前将试件坡口处的铁锈、油污、氧化物等清理干净，使其露出金属光泽。

（4）间隙自定。

（5）定位焊位于 T 形接头立板与底板相交的两侧首尾处，即四点定位，长度小于等于 15 mm。定位焊时允许采用反变形。

（6）焊接完毕，关闭电焊机，焊缝表面清理干净，并保持焊缝原始状态，不允许补焊、返修及修磨。场地清理干净，工具摆放整齐。

（7）符合安全，文明生产。

2. 准备工作

（1）材料准备

序号	名称	规格	数量	备注
1	Q235	300 mm×100 mm×6 mm	2 件/人	
2	ER49-1 焊丝	ϕ1.2 mm	0.4 kg/人	
3	CO_2气体		1 瓶/工位	

试件形状及尺寸：

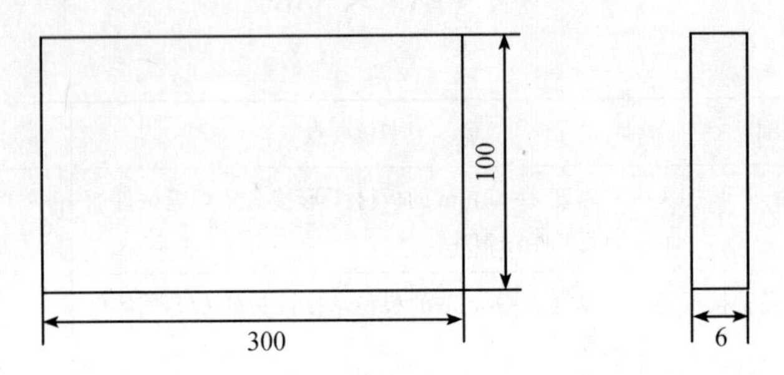

（2）设备准备

序号	名称	规格	数量	备注
1	半自动焊机	根据实际情况确定	1 台/工位	鉴定站准备
2	送丝机	根据实际情况确定	1 台/工位	鉴定站准备
3	CO_2减压流量调节器	CT－30	1 个/工位	鉴定站可根据实际确定流量计

（3）工具、量具准备

序号	名称	规格	数量	备注
1	焊接检验尺	HJC－40	不少于 3 把	鉴定站准备
2	钢直尺	≥200 mm	不少于 3 把	鉴定站准备
3	放大镜	5 倍	不少于 3 把	鉴定站准备
4	钢印		2 套	鉴定站准备
5	电焊面罩	自定	1 个	考生准备
6	电焊手套	自定	1 副	考生准备
7	锉刀	自定	1 把	考生准备
8	敲渣锤	自定	1 把	考生准备
9	锤子	自定	1 把	考生准备
10	錾子	自定	1 把	考生准备
11	钢丝刷	自定	1 把	考生准备
12	角向磨光机	自定	1 台	考生准备
13	钢丝钳	自定	1 把	考生准备

续表

序号	名称	规格	数量	备注
14	螺丝刀	自定	1 把	考生准备
15	防堵剂	自定	1 瓶	考生准备
16	纱布	自定	自定	考生准备

3. 考核时限

(1) 基本时间

准备时间 25 min；正式操作时间 30 min（不包括组对时间）。

(2) 时间允差

提前完成操作不加分，操作超过规定时间 5 min（包括 5 min）以内扣总分 3 分，超时 5 min 以上本题零分。

4. 评分项目及标准

评分项目	评分要点	配分比重（%）	评分标准及扣分
1. 准备工作	工具、用具准备齐全	10	自备工具少一件扣 5 分，扣完为止
2. 焊缝外观	焊缝表面不允许有焊瘤、气孔、夹渣等缺陷	10	出现任何一种缺陷不得分
	焊缝咬边深度小于等于 0.5 mm，两侧咬边总长度不超过焊缝有效长度的 10%	10	焊缝咬边深度小于等于 0.5 mm，累计长度每 5 mm 扣 1 分；累计长度超过焊缝有效长度的 10%不得分；咬边深度大于 0.5 mm 不得分
	焊脚尺寸 $k=\delta$（板厚）＋（0～3）mm	10	每超标一处扣 5 分，扣完为止
	两板之间夹角为 90°±3°	10	超标不得分
	外观成形美观，焊纹均匀、细密、高低宽窄一致	10	焊缝平整，焊纹不均匀，扣 2 分；外观成形一般，焊缝平直，局部高低宽窄不一致，扣 3 分；焊缝弯曲，高低宽窄明显不一致，有表面焊接缺陷，不得分
3. 宏观金相检验	根部熔深大于等于 0.5 mm	10	根部熔深小于 0.5 mm 时不得分
	条状缺陷	10	尺寸小于等于 0.5 mm，数量不多于 3 个时，每个扣 1 分，数量超过 3 个，不得分；尺寸大于 0.5 mm 且小于等于 1.5 mm，数量不多于 1 个时，扣 5 分，数量多于 1 个时，不得分；尺寸大于 1.5 mm 时不得分
	点状缺陷	10	尺寸小于等于 0.5 mm，数量不多于 3 个时，每个扣 2 分，数量超过 3 个，不得分；尺寸大于 0.5 mm 且小于等于 1.5 mm，数量不多于 1 个时，扣 5 分，数量多于 1 个时，不得分；尺寸大于 1.5 mm 时不得分

续表

评分项目	评分要点	配分比重（%）	评分标准及扣分
4. 否定项	焊缝出现裂纹、未熔合、烧穿缺陷；焊接操作时，随意改变试件操作位置；焊缝原始表面被破坏；超时5 min		出现任何一项，按零分处理
5. 安全文明生产	严格按操作规程操作	10	劳保用品穿戴不全，扣2分；焊接过程中有违反操作规程的现象，根据情况扣2～5分；焊接完毕，场地清理不干净，工具码放不整齐，扣3分
合计		100	

【题目2】厚度$\delta=8$ mm低碳钢板或低合金钢板角接接头的CO_2气体保护焊

1. 考核要求

（1）必须穿戴劳动保护用品。

（2）必备的工具、用具准备齐全。

（3）焊前将试件坡口处的铁锈、油污、氧化物等清理干净，使其露出金属光泽。

（4）间隙自定。

（5）定位焊长度小于等于15 mm。

（6）焊接完毕，关闭电焊机，焊缝表面清理干净，并保持焊缝原始状态，不允许补焊、返修及修磨。场地清理干净，工具摆放整齐。

（7）符合安全，文明生产。

2. 准备工作

（1）材料准备

序号	名称	规格	数量	备注
1	Q345	300 mm×100 mm×8 mm	2件/人	
2	ER50-6焊丝	ϕ1.2 mm	0.4 kg/人	
3	CO_2气体		1瓶/工位	

试件形状及尺寸：

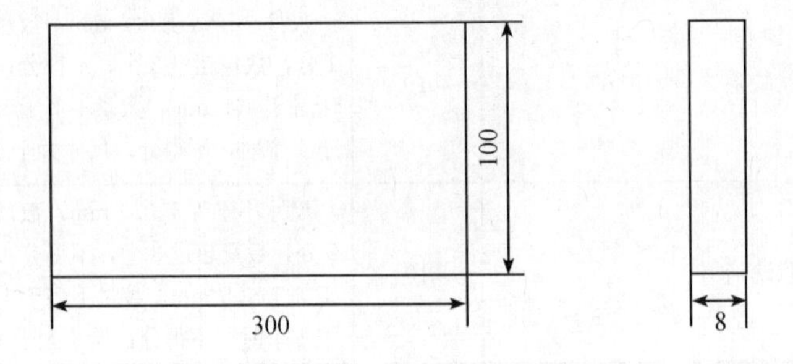

（2）设备准备

序号	名称	规格	数量	备注
1	半自动焊机	根据实际情况确定	1 台/工位	鉴定站准备
2	送丝机	根据实际情况确定	1 台/工位	鉴定站准备
3	CO_2减压流量调节器	CT-30	1 个/工位	鉴定站可根据实际确定流量计

（3）工具、量具准备

序号	名称	规格	数量	备注
1	焊接检验尺	HJC-40	不少于 3 把	鉴定站准备
2	钢直尺	≥200 mm	不少于 3 把	鉴定站准备
3	放大镜	5 倍	不少于 3 把	鉴定站准备
4	钢印		2 套	鉴定站准备
5	电焊面罩	自定	1 个	考生准备
6	电焊手套	自定	1 副	考生准备
7	锉刀	自定	1 把	考生准备
8	敲渣锤	自定	1 把	考生准备
9	锤子	自定	1 把	考生准备
10	錾子	自定	1 把	考生准备
11	钢丝刷	自定	1 把	考生准备
12	角向磨光机	自定	1 台	考生准备
13	钢丝钳	自定	1 把	考生准备
14	螺丝刀	自定	1 把	考生准备
15	防堵剂	自定	1 瓶	考生准备
16	纱布	自定	自定	考生准备

3. 考核时限

（1）基本时间

准备时间 25 min；正式操作时间 30 min（不包括组对时间）。

（2）时间允差

提前完成操作不加分，操作超过规定时间 5 min（包括 5 min）以内扣总分 3 分，超时 5 min 以上本题零分。

4. 评分项目及标准

评分项目	评分要点	配分比重（%）	评分标准及扣分
1. 准备工作	工具、用具准备齐全	10	自备工具少一件扣5分，扣完为止
2. 焊缝外观	焊缝表面不允许有焊瘤、气孔、夹渣等缺陷	10	出现任何一种缺陷不得分
	焊缝咬边深度小于等于0.5 mm，两侧咬边总长度不超过焊缝有效长度的10%	10	焊缝咬边深度小于等于0.5 mm，累计长度每5 mm扣1分；累计长度超过焊缝有效长度的10%不得分；咬边深度大于0.5 mm不得分
	焊缝凹凸度小于等于1.5 mm	5	焊缝凹凸度大于1.5 mm时不得分
	焊脚尺寸$k=\delta$（板厚）+（0～3）mm	10	每超标一处扣5分，扣完为止
	两板之间夹角为90°±3°	5	超标不得分
	外观成形美观，焊纹均匀、细密、高低宽窄一致	10	焊缝平整，焊纹不均匀，扣2分；外观成形一般，焊缝平直，局部高低宽窄不一致，扣3分；焊缝弯曲，高低宽窄明显不一致，有表面焊接缺陷，不得分
3. 宏观金相检验	根部熔深大于等于0.5 mm	10	根部熔深小于0.5 mm时不得分
	条状缺陷	10	尺寸小于等于0.5 mm，数量不多于3个时，每个扣1分，数量超过3个，不得分；尺寸大于0.5 mm且小于等于1.5 mm，数量不多于1个时，扣5分，数量多于1个时，不得分；尺寸大于1.5 mm时不得分
	点状缺陷	10	尺寸小于等于0.5 mm，数量不多于3个时，每个扣2分，数量超过3个，不得分；尺寸大于0.5 mm且小于等于1.5 mm，数量不多于1个时，扣5分，数量多于1个时，不得分；尺寸大于1.5 mm时不得分
4. 否定项	焊缝出现裂纹、未熔合、烧穿缺陷；焊接操作时，随意改变试件操作位置；焊缝原始表面被破坏；超时5 min		出现任何一项，按零分处理
5. 安全文明生产	严格按操作规程操作	10	劳保用品穿戴不全，扣2分；焊接过程中有违反操作规程的现象，根据情况扣2～5分；焊接完毕，场地清理不干净，工具码放不整齐，扣3分
合计		100	

【题目3】 厚度$\delta=8$ mm的低碳钢或低合金钢平位对接CO_2气体保护焊双面焊

1. 考核要求

（1）必须穿戴劳动保护用品。

（2）必备的工具、用具准备齐全。

（3）焊前将试件坡口处的铁锈、油污、氧化物等清理干净，使其露出金属光泽。

（4）定位焊在试件两端 20 mm 范围内。

（5）可以双面焊。

（6）允许采用反变形。

（7）严格按规定位置焊接，不得随意变更。

（8）焊接完毕，关闭电焊机，焊缝表面清理干净，并保持焊缝原始状态，不允许补焊、返修及修磨。场地清理干净，工具摆放整齐。

（9）符合安全，文明生产。

2. 准备工作

（1）材料准备

序号	名称	规格	数量	备注
1	Q345	300 mm×150 mm×8 mm	2 件/人	
2	ER50-6 焊丝	ϕ1.2 mm	0.4 kg/人	
3	CO_2气体		1 瓶/工位	

试件形状及尺寸：

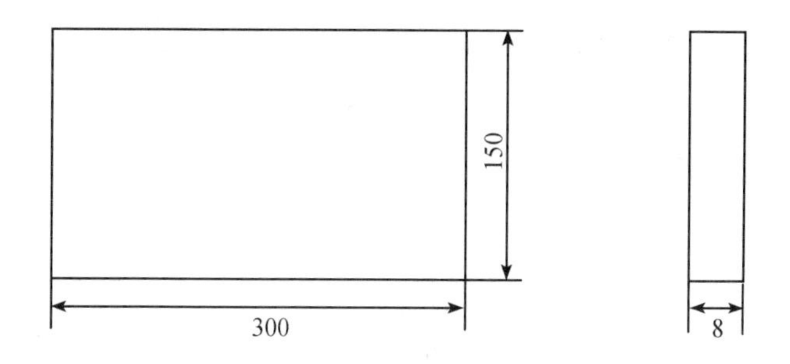

（2）设备准备

序号	名称	规格	数量	备注
1	半自动焊机	根据实际情况确定	1 台/工位	鉴定站准备
2	送丝机	根据实际情况确定	1 台/工位	鉴定站准备
3	CO_2减压流量调节器	CT-30	1 个/工位	鉴定站可根据实际确定流量计

（3）工具、量具准备

序号	名称	规格	数量	备注
1	焊接检验尺	HJC−40	不少于 3 把	鉴定站准备
2	钢直尺	≥200 mm	不少于 3 把	鉴定站准备
3	放大镜	5 倍	不少于 3 把	鉴定站准备

续表

序号	名称	规格	数量	备注
4	钢印		2套	鉴定站准备
5	电焊面罩	自定	1个	考生准备
6	电焊手套	自定	1副	考生准备
7	锉刀	自定	1把	考生准备
8	敲渣锤	自定	1把	考生准备
9	锤子	自定	1把	考生准备
10	錾子	自定	1把	考生准备
11	钢丝刷	自定	1把	考生准备
12	角向磨光机	自定	1台	考生准备
13	钢丝钳	自定	1把	考生准备
14	螺丝刀	自定	1把	考生准备
15	防堵剂	自定	1瓶	考生准备
16	纱布	自定	自定	考生准备

3. 考核时限

（1）基本时间

准备时间25 min；正式操作时间40 min（不包括组对时间）。

（2）时间允差

提前完成操作不加分，超时操作按规定标准评分。

4. 评分项目及标准

评分项目	评分要点	配分比重（%）	评分标准及扣分
1. 准备工作	工具、用具准备齐全	10	自备工具少一件扣5分，扣完为止
2. 焊缝外观	焊缝表面不允许有焊瘤、气孔、夹渣等缺陷	10	出现任何一种缺陷不得分
	焊缝咬边深度小于等于0.5 mm，两侧咬边总长度不超过焊缝有效长度的10%	10	焊缝咬边深度小于等于0.5 mm，累计长度每5 mm扣1分；累计长度超过焊缝有效长度的10%不得分；咬边深度大于0.5 mm不得分
	焊缝凹凸度小于等于1.5 mm	10	焊缝凹凸度大于1.5 mm时不得分
	焊缝余高0～3 mm，余高差小于等于2 mm，焊缝宽度比坡口每侧增宽0.5～2.5 mm，宽度差小于等于3 mm	15	每超标一处扣5分，扣完为止

续表

评分项目	评分要点	配分比重（%）	评分标准及扣分
2. 焊缝外观	错边小于等于 10%δ 且小于等于 2 mm	10	超标不得分
	焊后角变形小于等于 3°	10	超标不得分
	外观成形美观，焊纹均匀、细密、高低宽窄一致	15	焊缝平整，焊纹不均匀，扣 2 分；外观成形一般，焊缝平直，局部高低宽窄不一致，扣 3 分；焊缝弯曲，高低宽窄明显不一致，有表面焊接缺陷，不得分
3. 否定项	焊缝出现裂纹、未熔合、烧穿缺陷；焊接操作时，随意改变试件操作位置；焊缝原始表面被破坏；超时 5 min		出现任何一项，按零分处理
4. 安全文明生产	严格按操作规程操作	10	劳保用品穿戴不全，扣 2 分；焊接过程中有违反操作规程的现象，根据情况扣 2～5 分；焊接完毕，场地清理不干净，工具码放不整齐，扣 3 分
合计		100	

【题目 4】 厚度 δ＝12 mm 的背部加衬垫的低碳钢板或低合金钢板平位对接 CO_2 气体保护焊

1. 考核要求

（1）必须穿戴劳动保护用品。

（2）必备的工具、用具准备齐全。

（3）焊前将试件坡口处的铁锈、油污、氧化物等清理干净，使其露出金属光泽。

（4）定位焊在试件两端 20 mm 范围内。

（5）严格按规定位置焊接，不得随意变更。

（6）焊接完毕，关闭电焊机，焊缝表面清理干净，并保持焊缝原始状态，不允许补焊、返修及修磨。场地清理干净，工具摆放整齐。

（7）符合安全，文明生产。

2. 准备工作

（1）材料准备

序号	名称	规格	数量	备注
1	Q345R	300 mm×150 mm×12 mm	2 件/人	
2	ER50-6 焊丝	ϕ1.2 mm	0.4 kg/人	
3	CO_2气体		1 瓶/工位	
4	JLHD-R 型衬垫	宽 14 mm	600 mm/工位	

试件形状及尺寸：

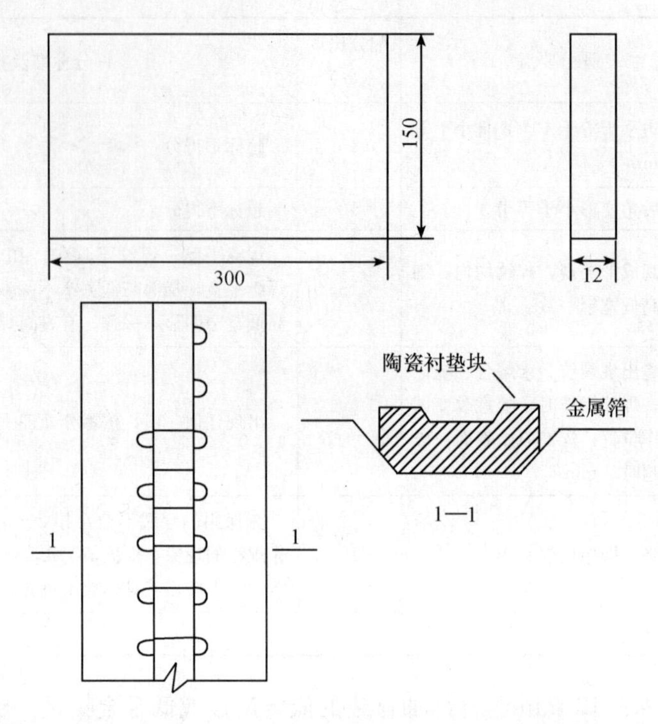

（2）设备准备

序号	名称	规格	数量	备注
1	半自动焊机	根据实际情况确定	1台/工位	鉴定站准备
2	送丝机	根据实际情况确定	1台/工位	鉴定站准备
3	CO_2减压流量调节器	CT-30	1个/工位	鉴定站可根据实际确定流量计

（3）工具、量具准备

序号	名称	规格	数量	备注
1	焊接检验尺	HJC－40	不少于3把	鉴定站准备
2	钢直尺	≥200 mm	不少于3把	鉴定站准备
3	放大镜	5倍	不少于3把	鉴定站准备
4	钢印		2套	鉴定站准备
5	电焊面罩	自定	1个	考生准备
6	电焊手套	自定	1副	考生准备
7	锉刀	自定	1把	考生准备
8	敲渣锤	自定	1把	考生准备
9	锤子	自定	1把	考生准备
10	錾子	自定	1把	考生准备

续表

序号	名称	规格	数量	备注
11	钢丝刷	自定	1 把	考生准备
12	角向磨光机	自定	1 台	考生准备
13	钢丝钳	自定	1 把	考生准备
14	螺丝刀	自定	1 把	考生准备
15	防堵剂	自定	1 瓶	考生准备
16	纱布	自定	自定	考生准备

3. 考核时限

（1）基本时间

准备时间 25 min；正式操作时间 40 min（不包括组对时间）。

（2）时间允差

提前完成操作不加分，超时操作按规定标准评分。

4. 评分项目及标准

评分项目	评分要点	配分比重（%）	评分标准及扣分
1. 准备工作	工具、用具准备齐全	10	自备工具少一件扣 5 分，扣完为止
2. 焊缝外观	焊缝表面不允许有焊瘤、气孔、夹渣等缺陷	10	出现任何一种缺陷不得分
	焊缝咬边深度小于等于 0.5 mm，两侧咬边总长度不超过焊缝有效长度的 10%	10	焊缝咬边深度小于等于 0.5 mm，累计长度每 5 mm 扣 1 分；累计长度超过焊缝有效长度的 10%不得分；咬边深度大于 0.5 mm 不得分
	焊缝余高 0～3 mm，余高差小于等于 2 mm，焊缝宽度比坡口每侧增宽 0.5～2.5 mm，宽度差小于等于 3 mm	20	每超标一处扣 5 分，扣完为止
	错边小于等于 10%δ 且小于等于 2 mm	10	超标不得分
	焊后角变形小于等于 3°	10	超标不得分
	外观成形美观，焊纹均匀、细密、高低宽窄一致	20	焊缝平整，焊纹不均匀，扣 2 分；外观成形一般，焊缝平直，局部高低宽窄不一致，扣 3 分；焊缝弯曲，高低宽窄明显不一致，有表面焊接缺陷，不得分

续表

评分项目	评分要点	配分比重（%）	评分标准及扣分
3. 否定项	焊缝出现裂纹、未熔合、烧穿缺陷；焊接操作时，随意改变试件操作位置；焊缝原始表面被破坏；超时5 min		出现任何一项，按零分处理
4. 安全文明生产	严格按操作规程操作	10	劳保用品穿戴不全，扣2分；焊接过程中有违反操作规程的现象，根据情况扣2～5分；焊接完毕，场地清理不干净，工具码放不整齐，扣3分
合计		100	

第 3 章　非熔化极气体保护焊

考 核 要 点

操作技能考核范围	考核要点	重要程度
低碳钢或不锈钢板平位对接手工钨极氩弧焊	低碳钢板 $\delta<6$ mm 平位对接手工钨极氩弧焊	★★★
	不锈钢板 $\delta<6$ mm 平位对接手工钨极氩弧焊	★★★
低碳钢管对接水平转动手工钨极氩弧焊	管径 $\phi<60$ mm 低碳钢管对接水平转动手工钨极氩弧焊	★★★

注：其中“重要程度”中，“★”为重要程度级别最低，“★★★”为重要程度级别最高。

辅导练习题

【题目 1】低碳钢板 $\delta<6$ mm 平位对接手工钨极氩弧焊

1. 考核要求

（1）必须穿戴劳动保护用品。

（2）必备的工具、用具准备齐全。

（3）焊前将试件坡口处的铁锈、油污、氧化物等清理干净，使其露出金属光泽。

（4）定位焊在试件背面两端 20 mm 范围内。

（5）单面焊双面成形。

（6）允许采用反变形。

（7）严格按规定位置进行焊接，不得随意变更。

（8）焊接结束后，焊缝表面清理干净，并保持焊缝原始状态，不允许补焊、返修及修磨。

（9）符合安全，文明生产。

2. 准备工作

（1）材料准备

序号	名称	规格	数量	备注
1	Q345R	150 mm×100 mm×5 mm	2件/人	
2	ER49-1焊丝	ϕ2.5 mm	2 m/人	
3	氩气		1瓶/工位	
4	钨极WCe-20	ϕ2.5 mm	1根/人	

试件形状及尺寸：

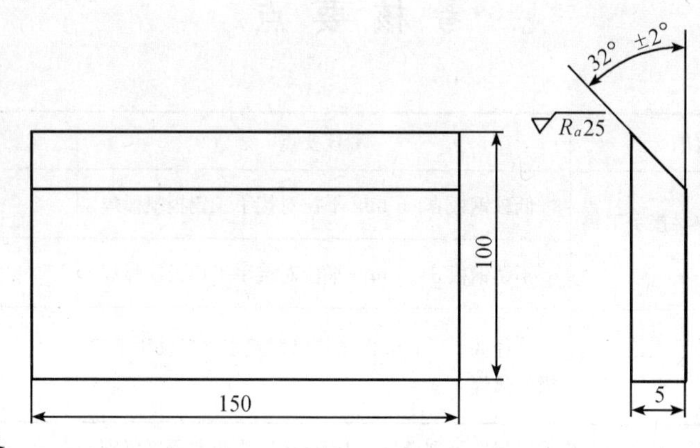

（2）设备准备

序号	名称	规格	数量	备注
1	直流氩弧焊机	根据实际情况确定	1台/工位	鉴定站准备
2	氩气减压流量调节器	根据实际情况确定	1台/工位	鉴定站准备

（3）工具、量具准备

序号	名称	规格	数量	备注
1	焊接检验尺	HJC－40	不少于3把	鉴定站准备
2	钢直尺	≥200 mm	不少于3把	鉴定站准备
3	放大镜	5倍	不少于3把	鉴定站准备
4	钢印		2套	鉴定站准备
5	电焊面罩	自定	1个	考生准备
6	电焊手套	自定	1副	考生准备
7	锉刀	自定	1把	考生准备
8	敲渣锤	自定	1把	考生准备
9	锤子	自定	1把	考生准备
10	錾子	自定	1把	考生准备
11	钢丝刷	自定	1把	考生准备
12	角向磨光机	自定	1台	考生准备
13	钢丝钳	自定	1把	考生准备
14	纱布	自定	自定	考生准备

3. 考核时限

(1) 基本时间

准备时间 5 min（不计入考试时间）；正式操作时间 30 min（不包括组对时间）。

(2) 时间允差

提前完成操作不加分，超时操作按规定标准评分。

4. 评分项目及标准

评分项目	评分要点	配分比重（%）	评分标准及扣分
1. 准备工作	工具、用具准备齐全	10	自备工具少一件扣 5 分，扣完为止
2. 焊缝外观	焊缝表面不允许有焊瘤、气孔、夹渣等缺陷	10	出现任何一种缺陷不得分
	焊缝咬边深度小于等于 0.5 mm，两侧咬边总长度不超过焊缝有效长度的 10%	10	焊缝咬边深度小于等于 0.5 mm，累计长度每 5 mm 扣 1 分；累计长度超过焊缝有效长度的 10%不得分；咬边深度大于 0.5 mm 不得分
	背面凹坑深度小于等于 20%δ 且小于等于 2 mm，累计长度不超过焊缝有效长度的 10%	10	深度小于等于 20%δ 且小于等于 2 mm 时，每 10 mm 长度扣 1 分；累计长度超过焊缝有效长度的 10%不得分；深度大于 2 mm 不得分
	焊缝余高 0～3 mm，余高差小于等于 2 mm，焊缝宽度比坡口每侧增宽 0.5～2.5 mm，宽度差小于等于 3 mm	10	每超标一处扣 2 分，扣完为止
	背面焊缝余高小于等于 3 mm	5	超标不得分
	错边小于等于 10%δ 且小于等于 2 mm	5	超标不得分
	焊后角变形小于等于 3°	5	超标不得分
	外观成形美观，焊纹均匀、细密、高低宽窄一致	5	焊缝平整，焊纹不均匀，扣 2 分；外观成形一般，焊缝平直，局部高低宽窄不一致，扣 3 分；焊缝弯曲，高低宽窄明显不一致，有表面焊接缺陷，不得分
3. 内部质量	X 射线探伤检查	30	Ⅰ级片不扣分；Ⅱ级片扣 5 分；Ⅲ级片扣 12 分；Ⅲ级片以下不得分
4. 否定项	焊缝出现裂纹、未熔合、烧穿缺陷；焊接操作时，随意改变试件操作位置；焊缝原始表面被破坏；超时 5 min		出现任何一项，按零分处理
5. 安全文明生产	严格按操作规程操作		劳保用品穿戴不全，扣 2 分；焊接过程中有违反操作规程的现象，根据情况扣 2～5 分；焊接完毕，场地清理不干净，工具码放不整齐，扣 3 分
合计		100	

【题目 2】 不锈钢板 $\delta<6$ mm 平位对接手工钨极氩弧焊

1. 考核要求

（1）必须穿戴劳动保护用品。

（2）必备的工具、用具准备齐全。

（3）焊前将试件坡口处的铁锈、油污、氧化物等清理干净，使其露出金属光泽。

（4）采用三点或四点定位，三点定位时，先点焊中间，后点焊两端。

（5）单面焊双面成形。

（6）允许采用反变形。

（7）严格按规定位置进行焊接，不得随意变更。

（8）焊接结束后，焊缝表面清理干净，并保持焊缝原始状态，不允许补焊、返修及修磨。

（9）符合安全，文明生产。

2. 准备工作

（1）材料准备

序号	名称	规格	数量	备注
1	06Cr19Ni10	300 mm×150 mm×1.5 mm	2 件/人	
2	H08Cr21Ni10 焊丝	ϕ1.6 mm	2 m/人	
3	氩气		1 瓶/工位	
4	钨极 WCe-20	ϕ2 mm	1 根/人	

试件形状及尺寸：

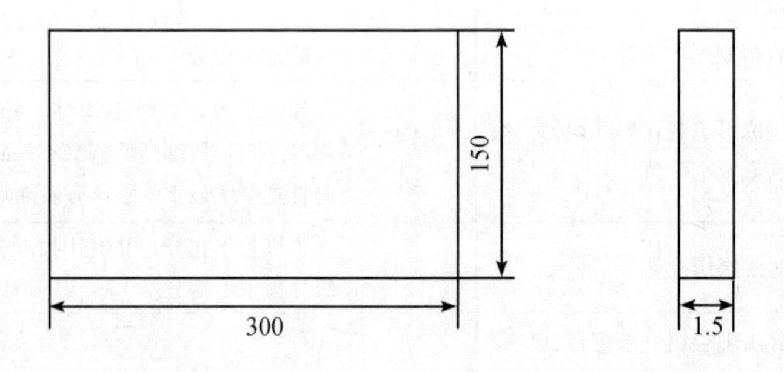

（2）设备准备

序号	名称	规格	数量	备注
1	直流氩弧焊机	根据实际情况确定	1 台/工位	鉴定站准备
2	氩气减压流量调节器	根据实际情况确定	1 台/工位	鉴定站准备

（3）工具、量具准备

序号	名称	规格	数量	备注
1	焊接检验尺	HJC—40	不少于 3 把	鉴定站准备
2	钢直尺	≥200 mm	不少于 3 把	鉴定站准备
3	放大镜	5 倍	不少于 3 把	鉴定站准备
4	钢印		2 套	鉴定站准备
5	电焊面罩	自定	1 个	考生准备
6	电焊手套	自定	1 副	考生准备
7	锉刀	自定	1 把	考生准备
8	敲渣锤	自定	1 把	考生准备
9	锤子	自定	1 把	考生准备
10	錾子	自定	1 把	考生准备
11	钢丝刷	自定	1 把	考生准备
12	角向磨光机	自定	1 台	考生准备
13	钢丝钳	自定	1 把	考生准备
14	纱布	自定	自定	考生准备
15	丙酮	自定	自定	考生准备
16	硝酸溶液	自定	自定	考生准备

3. 考核时限

(1) 基本时间

准备时间 5 min（不计入考试时间）；正式操作时间 30 min（不包括组对时间）。

(2) 时间允差

提前完成操作不加分，超时操作按规定标准评分。

4. 评分项目及标准

评分项目	评分要点	配分比重（%）	评分标准及扣分
1. 准备工作	工具、用具准备齐全	10	自备工具少一件扣 5 分，扣完为止
2. 焊缝外观	焊缝表面不允许有焊瘤、气孔、夹渣等缺陷	10	出现任何一种缺陷不得分
	焊缝咬边深度小于等于 0.5 mm，两侧咬边总长度不超过焊缝有效长度的 10%	10	焊缝咬边深度小于等于 0.5 mm，累计长度每 5 mm 扣 1 分；累计长度超过焊缝有效长度的 10% 不得分；咬边深度大于 0.5 mm 不得分
	背面凹坑深度小于等于 20%δ 且小于等于 2 mm，累计长度不超过焊缝有效长度的 10%	10	深度小于等于 20%δ 且小于等于 2 mm 时，每 10 mm 长度扣 1 分；累计长度超过焊缝有效长度的 10%不得分；深度大于 2 mm 不得分

续表

评分项目	评分要点	配分比重（%）	评分标准及扣分
2. 焊缝外观	焊缝余高0～3 mm，余高差小于等于2 mm，焊缝宽度比坡口每侧增宽0.5～2.5 mm，宽度差小于等于3 mm	10	每超标一处扣2分，扣完为止
	背面焊缝余高小于等于3 mm	5	超标不得分
	错边小于等于10%δ且小于等于2 mm	5	超标不得分
	焊后角变形小于等于3°	5	超标不得分
	外观成形美观，焊纹均匀、细密、高低宽窄一致	5	焊缝平整，焊纹不均匀，扣2分；外观成形一般，焊缝平直，局部高低宽窄不一致，扣3分；焊缝弯曲，高低宽窄明显不一致，有表面焊接缺陷，不得分
3. 内部质量	X射线探伤检查	30	Ⅰ级片不扣分；Ⅱ级片扣5分；Ⅲ级片扣12分；Ⅲ级片以下不得分
4. 否定项	焊缝出现裂纹、未熔合、烧穿缺陷；焊接操作时，随意改变试件操作位置；焊缝原始表面被破坏；超时5 min		出现任何一项，按零分处理
5. 安全文明生产	严格按操作规程操作		劳保用品穿戴不全，扣2分；焊接过程中有违反操作规程的现象，根据情况扣2～5分；焊接完毕，场地清理不干净，工具码放不整齐，扣3分
合计		100	

【题目3】管径ϕ<60 mm低碳钢管对接水平转动手工钨极氩弧焊

1. 考核要求

（1）必须穿戴劳动保护用品。

（2）必备的工具、用具准备齐全。

（3）焊前将试件坡口处的铁锈、油污、氧化物等清理干净，使其露出金属光泽。

（4）单面焊双面成形。

（5）组对时错变量应控制在允许的范围内。

（6）定位焊不得在6点处。

（7）焊接结束后，焊缝表面清理干净，并保持焊缝原始状态，不允许补焊、返修及修磨。

（8）符合安全，文明生产。

2. 准备工作

(1) 材料准备

序号	名称	规格	数量	备注
1	20 无缝钢管	ϕ57 mm×6 mm×100 mm	2 件/人	
2	ER49-1 焊丝	ϕ2.5 mm	2 m/人	
3	氩气		1 瓶/工位	
4	钨极 WCe-20	ϕ2.5 mm	1 根/人	

试件形状及尺寸：

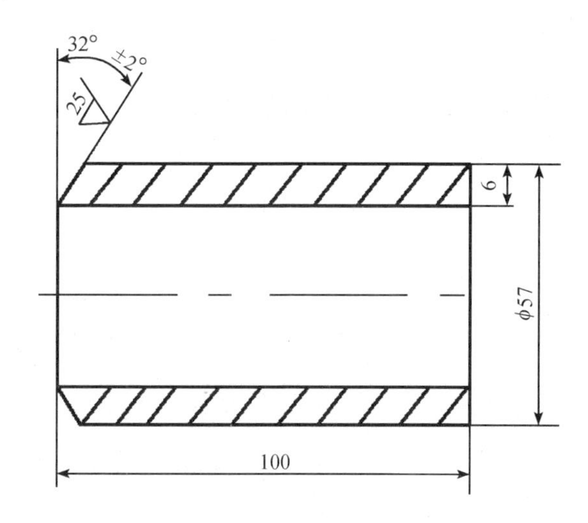

(2) 设备准备

序号	名称	规格	数量	备注
1	直流氩弧焊机	根据实际情况确定	1 台/工位	鉴定站准备
2	氩气减压流量调节器	根据实际情况确定	1 台/工位	鉴定站准备

(3) 工具、量具准备

序号	名称	规格	数量	备注
1	焊接检验尺	HJC—40	不少于 3 把	鉴定站准备
2	钢直尺	≥200 mm	不少于 3 把	鉴定站准备
3	放大镜	5 倍	不少于 3 把	鉴定站准备
4	钢印		2 套	鉴定站准备
5	电焊面罩	自定	1 个	考生准备
6	电焊手套	自定	1 副	考生准备
7	锉刀	自定	1 把	考生准备

续表

序号	名称	规格	数量	备注
8	敲渣锤	自定	1把	考生准备
9	锤子	自定	1把	考生准备
10	錾子	自定	1把	考生准备
11	钢丝刷	自定	1把	考生准备
12	角向磨光机	自定	1台	考生准备
13	纱布	自定	自定	考生准备

3. 考核时限

(1) 基本时间

准备时间5 min（不计入考试时间）；正式操作时间30 min（不包括组对时间）。

(2) 时间允差

提前完成操作不加分，超时操作按规定标准评分。

4. 评分项目及标准

评分项目	评分要点	配分比重(%)	评分标准及扣分
1. 准备工作	工具、用具准备齐全	10	自备工具少一件扣5分，扣完为止
2. 焊缝外观	焊缝表面不允许有焊瘤、气孔、夹渣等缺陷	10	出现任何一种缺陷不得分
	焊缝咬边深度小于等于0.5 mm，两侧咬边总长度不超过焊缝有效长度的10%	15	焊缝咬边深度小于等于0.5 mm，累计长度每5 mm扣1分；累计长度超过焊缝有效长度的10%不得分；咬边深度大于0.5 mm不得分
	用直径等于0.85倍管内径的钢球进行通球试验	10	通球不合格不得分
	焊缝余高0～3 mm，余高差小于等于2 mm，焊缝宽度比坡口每侧增宽0.5～2.5 mm，宽度差小于等于3 mm	15	每超标一处扣4分，扣完为止
	错边小于等于10%δ	5	超标不得分
	外观成形美观，焊纹均匀、细密、高低宽窄一致	5	焊缝平整，焊纹不均匀，扣2分；外观成形一般，焊缝平直，局部高低宽窄不一致，扣3分；焊缝弯曲，高低宽窄明显不一致，有表面焊接缺陷，不得分
3. 内部质量	X射线探伤检查	30	Ⅰ级片不扣分；Ⅱ级片扣5分；Ⅲ级片扣12分；Ⅲ级片以下不得分

续表

评分项目	评分要点	配分比重（%）	评分标准及扣分
4. 否定项	焊缝出现裂纹、未熔合、烧穿缺陷；焊接操作时，随意改变试件操作位置；焊缝原始表面被破坏；超时 5 min		出现任何一项，按零分处理
5. 安全文明生产	严格按操作规程操作		劳保用品穿戴不全，扣 2 分；焊接过程中有违反操作规程的现象，根据情况扣 2～5 分；焊接完毕，场地清理不干净，工具码放不整齐，扣 3 分
合计		100	

第4章 埋 弧 焊

考 核 要 点

操作技能考核范围	考核要点	重要程度
中等厚度低碳钢板或低合金钢板角焊缝试件埋弧焊	厚度 $\delta=8\sim12$ mm 低碳钢板或低合金板 T 形接头角焊缝试件埋弧焊	★★★
背部加衬垫中等厚度低碳钢板对接焊缝试件埋弧焊	厚度 $\delta=8\sim12$ 低碳钢板背部加衬垫对接焊缝试件埋弧焊	★★★

注：其中“重要程度”中，“★”为重要程度级别最低，“★★★”为重要程度级别最高。

辅导练习题

【题目 1】 厚度 $\delta=12$ mm 低碳钢板的船形埋弧焊

1. 考核要求

（1）必须穿戴劳动保护用品。

（2）试件坡口形式：I 形。

（3）焊前将试件坡口及两侧 20 mm 范围内的铁锈、油污、氧化物等清理干净，使其露出金属光泽。

（4）间隙自定。

（5）定位焊位于试件的首尾两处，组对时进行刚性固定。长度 50～60 mm。定位焊时允许采用反变形。

（6）焊接位置为平焊。

（7）定位装配后，将装配好的试件固定在操作架上；试件一经施焊不得改变焊接位置。

（8）焊接完毕，关闭电焊机，焊缝表面清理干净，并保持焊缝原始状态，不允许补焊、返修及修磨。场地清理干净，工具摆放整齐。

（9）符合安全，文明生产。

2. 准备工作

(1) 材料准备

序号	名称	规格	数量	备注
1	Q235	600 mm×300 mm×12 mm	2 件/人	板厚允许在 8～12 mm 范围内选取
2	定位焊条 E4303	ϕ4 mm	5 根/人	
3	焊丝 H08A	ϕ4 mm	配供	
4	焊剂 HJ431		5 kg/人	

试件形状及尺寸：

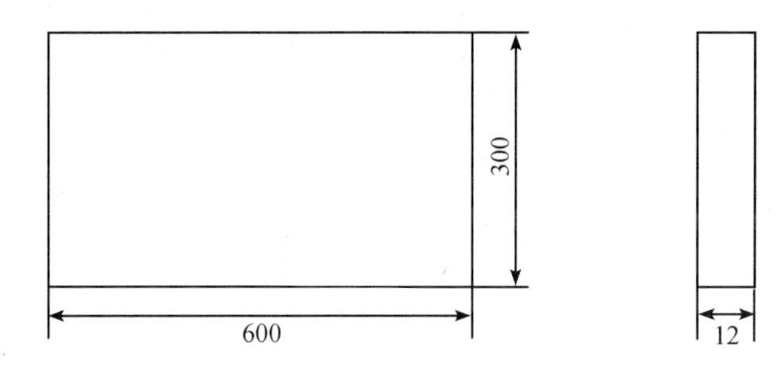

(2) 设备准备

序号	名称	规格	数量	备注
1	交流或直流焊机	根据实际情况确定	1 台/工位	鉴定站准备
2	MZ-1000 型	根据实际情况确定	1 台/工位	鉴定站准备
3	焊剂烘干箱	根据实际情况确定	2 台/鉴定站	鉴定站准备

(3) 工具、量具准备

序号	名称	规格	数量	备注
1	焊接检验尺	HJC－40	不少于 3 把	鉴定站准备
2	钢直尺	根据实际情况确定	不少于 3 把	鉴定站准备
3	放大镜	5 倍	不少于 3 把	鉴定站准备
4	钢印		2 套	鉴定站准备
5	电焊面罩	自定	1 个	考生准备
6	电焊手套	自定	1 副	考生准备
7	锉刀	自定	1 把	考生准备
8	敲渣锤	自定	1 把	考生准备
9	錾子	自定	1 把	考生准备
10	钢丝刷	自定	1 把	考生准备
11	角向磨光机	自定	1 台	考生准备

3. 考核时限

（1）基本时间

准备时间25 min；正式操作时间20 min（不包括组对时间）。

（2）时间允差

操作超过规定时间5 min（包括5 min）以内扣总分3分，超时5 min以上本题零分。

4. 评分项目及标准

评分项目	评分要点	配分比重（%）	评分标准及扣分
1. 准备工作	工具、用具准备齐全	10	自备工具少一件扣2分，扣完为止
2. 焊缝外观	焊缝表面不允许有焊瘤、气孔、夹渣等缺陷	15	出现任何一种缺陷不得分
	焊缝咬边深度小于等于0.5 mm，两侧咬边总长度不超过焊缝有效长度的10%	10	焊缝咬边深度小于等于0.5 mm，累计长度每5 mm扣2分；累计长度超过焊缝有效长度的10%不得分；咬边深度大于0.5 mm不得分
	焊缝凹凸度小于等于1.5 mm	5	焊缝凹凸度大于1.5 mm时不得分
	焊脚尺寸$k=\delta$（板厚）+（0～5）mm	10	每超标一处扣5分，扣完为止
	两板之间夹角为90°±5°	5	超标不得分
	外观成形美观，焊纹均匀、细密、高低宽窄一致	15	焊缝平整，焊纹不均匀，扣2分；外观成形一般，焊缝平直，局部高低宽窄不一致，扣3分；焊缝弯曲，高低宽窄明显不一致，有表面焊接缺陷，不得分
3. 宏观金相检验	根部熔深大于等于2 mm	10	根部熔深小于2 mm时不得分
	条状缺陷	10	尺寸小于等于0.5 mm，数量不多于3个时，每个扣1分，数量超过3个，不得分；尺寸大于0.5 mm且小于等于1.5 mm，数量不多于1个时，扣5分，数量多于1个时，不得分；尺寸大于1.5 mm时不得分
	点状缺陷	10	尺寸小于等于0.5 mm，数量不多于3个时，每个扣2分，数量超过3个，不得分；尺寸大于0.5 mm且小于等于1.5 mm，数量不多于1个时，扣5分，数量多于1个时，不得分；尺寸大于1.5 mm时不得分
4. 否定项	焊缝出现裂纹、未熔合、烧穿缺陷；焊接操作时，随意改变试件操作位置；焊缝原始表面被破坏；超时5 min		出现任何一项，按零分处理

续表

评分项目	评分要点	配分比重（%）	评分标准及扣分
5. 安全文明生产	严格按操作规程操作	10	违反操作规程一项从总分中扣除 5 分；严重违规停止操作，成绩记零分
合计		100	

【题目 2】厚度 $\delta=12$ mm 低合金钢板的船形埋弧焊

1. 考核要求

（1）必须穿戴劳动保护用品。

（2）试件坡口形式：Ⅰ形。

（3）焊前将试件坡口及两侧 20 mm 范围内的铁锈、油污、氧化物等清理干净，使其露出金属光泽。

（4）间隙自定。

（5）定位焊位于试件的首尾两处，组对时进行刚性固定。长度 50～60 mm。定位焊时允许采用反变形。

（6）焊接位置为平焊。

（7）定位装配后，将装配好的试件固定在操作架上；试件一经施焊不得改变焊接位置。

（8）焊接完毕，关闭电焊机，焊缝表面清理干净，并保持焊缝原始状态，不允许补焊、返修及修磨。场地清理干净，工具摆放整齐。

（9）符合安全，文明生产。

2. 准备工作

（1）材料准备

序号	名称	规格	数量	备注
1	Q345	600 mm×300 mm×12 mm	2 件/人	板厚允许在 8～12 mm 范围内选取
2	定位焊条 E5003	ϕ4 mm	5 根/人	
3	焊丝 H08MnA	ϕ4 mm	配供	
4	焊剂 HJ431		5 kg/人	

试件形状及尺寸：

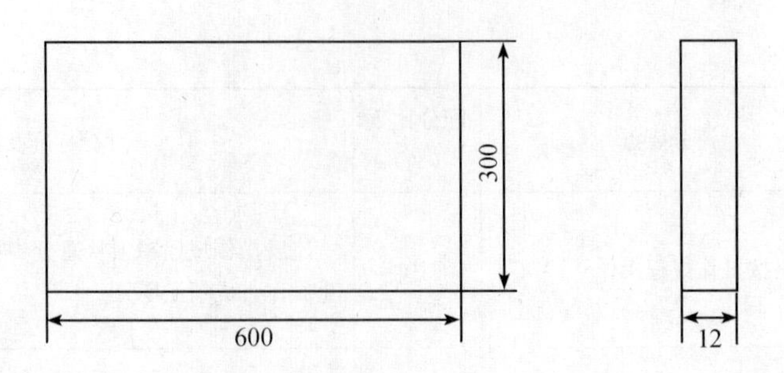

（2）设备准备

序号	名称	规格	数量	备注
1	交流或直流焊机	根据实际情况确定	1台/工位	鉴定站准备
2	MZ-1000型	根据实际情况确定	1台/工位	鉴定站准备
3	焊剂烘干箱	根据实际情况确定	2台/鉴定站	鉴定站准备

（3）工具、量具准备

序号	名称	规格	数量	备注
1	焊接检验尺	HJC—40	不少于3把	鉴定站准备
2	钢直尺	根据实际情况确定	不少于3把	鉴定站准备
3	放大镜	5倍	不少于3把	鉴定站准备
4	钢印		2套	鉴定站准备
5	电焊面罩	自定	1个	考生准备
6	电焊手套	自定	1副	考生准备
7	锉刀	自定	1把	考生准备
8	敲渣锤	自定	1把	考生准备
9	錾子	自定	1把	考生准备
10	钢丝刷	自定	1把	考生准备
11	角向磨光机	自定	1台	考生准备

3. 考核时限

（1）基本时间

准备时间25 min；正式操作时间20 min（不包括组对时间）。

（2）时间允差

操作超过规定时间5 min（包括5 min）以内扣总分3分，超时5 min以上本题零分。

4. 评分项目及标准

评分项目	评分要点	配分比重（%）	评分标准及扣分
1. 准备工作	工具、用具准备齐全	10	自备工具少一件扣 2 分，扣完为止
2. 焊缝外观	焊缝表面不允许有焊瘤、气孔、夹渣等缺陷	15	出现任何一种缺陷不得分
	焊缝咬边深度小于等于 0.5 mm，两侧咬边总长度不超过焊缝有效长度的 10%	10	焊缝咬边深度小于等于 0.5 mm，累计长度每 5 mm 扣 2 分；累计长度超过焊缝有效长度的 10%不得分；咬边深度大于 0.5 mm 不得分
	焊缝凹凸度小于等于 1.5 mm	5	焊缝凹凸度大于 1.5 mm 时不得分
	焊脚尺寸 $k=\delta$（板厚）＋（0～5）mm	10	每超标一处扣 5 分，扣完为止
	两板之间夹角为 90°±5°	5	超标不得分
	外观成形美观，焊纹均匀、细密、高低宽窄一致	15	焊缝平整，焊纹不均匀，扣 2 分；外观成形一般，焊缝平直，局部高低宽窄不一致，扣 3 分；焊缝弯曲，高低宽窄明显不一致，有表面焊接缺陷，不得分
3. 宏观金相检验	根部熔深大于等于 2 mm	10	根部熔深小于 2 mm 时不得分
	条状缺陷	10	尺寸小于等于 0.5 mm，数量不多于 3 个时，每个扣 1 分，数量超过 3 个，不得分；尺寸大于 0.5 mm 且小于等于 1.5 mm，数量不多于 1 个时，扣 5 分，数量多于 1 个时，不得分；尺寸大于 1.5 mm 时不得分
	点状缺陷	10	尺寸小于等于 0.5 mm，数量不多于 3 个时，每个扣 2 分，数量超过 3 个，不得分；尺寸大于 0.5 mm 且小于等于 1.5 mm，数量不多于 1 个时，扣 5 分，数量多于 1 个时，不得分；尺寸大于 1.5 mm 时不得分
4. 否定项	焊缝出现裂纹、未熔合、烧穿缺陷；焊接操作时，随意改变试件操作位置；焊缝原始表面被破坏；超时 5 min		出现任何一项，按零分处理
5. 安全文明生产	严格按操作规程操作	10	违反操作规程一项从总分中扣除 5 分；严重违规停止操作，成绩记零分
合计		100	

【题目 3】 厚度 $\delta=12$ mm 背部加衬垫低碳钢板对接平位埋弧焊

1. 考核要求

（1）必须穿戴劳动保护用品。

（2）试件坡口形式：V 形。

（3）焊前将试件坡口及两侧 20 mm 范围内的铁锈、油污、氧化物等清理干净，使其露出金属光泽。

（4）间隙自定。

（5）定位焊在试件背面两端 10 mm 范围内。定位焊时允许采用反变形。

（6）单面焊背面强制成形。

（7）焊接位置为平焊（1 G）。

（8）定位装配后，将装配好的试件固定在操作架上；试件一经施焊不得改变焊接位置。

（9）焊接完毕，关闭电焊机，焊缝表面清理干净，并保持焊缝原始状态，不允许补焊、返修及修磨。场地清理干净，工具摆放整齐。

（10）符合安全，文明生产。

2. 准备工作

（1）材料准备

序号	名称	规格	数量	备注
1	Q235	600 mm×300 mm×12 mm	2 件/人	板厚允许在 8～12 mm 范围内选取
2	定位焊条 E4303	ϕ4 mm	5 根/人	
3	焊丝 H08A	ϕ4 mm	配供	
4	焊剂 HJ431		5 kg/人	
5	埋弧焊用陶质衬垫		1 200 mm	

试件形状及尺寸：

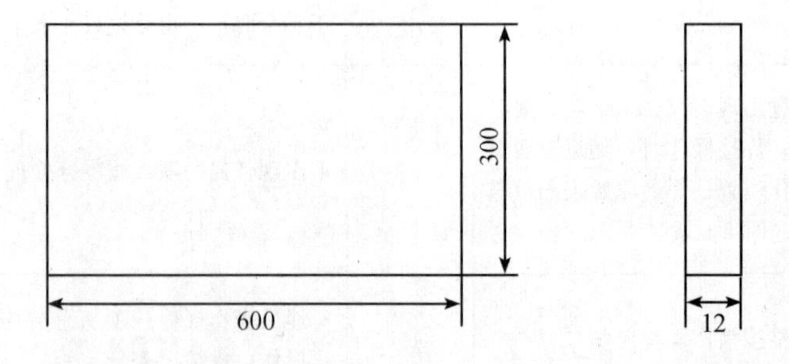

（2）设备准备

序号	名称	规格	数量	备注
1	交流或直流焊机	根据实际情况确定	1 台/工位	鉴定站准备
2	MZ-1000 型	根据实际情况确定	1 台/工位	鉴定站准备
3	焊剂烘干箱	根据实际情况确定	2 台/鉴定站	鉴定站准备

（3）工具、量具准备

序号	名称	规格	数量	备注
1	焊接检验尺	HJC—40	不少于 3 把	鉴定站准备
2	钢直尺	根据实际情况确定	不少于 3 把	鉴定站准备
3	放大镜	5 倍	不少于 3 把	鉴定站准备
4	钢印		2 套	鉴定站准备
5	电焊面罩	自定	1 个	考生准备
6	电焊手套	自定	1 副	考生准备
7	锉刀	自定	1 把	考生准备
8	敲渣锤	自定	1 把	考生准备
9	錾子	自定	1 把	考生准备
10	钢丝刷	自定	1 把	考生准备
11	角向磨光机	自定	1 台	考生准备

3. 考核时限

（1）基本时间

准备时间 25 min；正式操作时间 30 min（不包括组对时间）。

（2）时间允差

操作超过额定时间 5 min（包括 5 min）以内扣总分 3 分，超时 5 min 以上本题零分。

4. 评分项目及标准

评分项目	评分要点	配分比重（%）	评分标准及扣分
1. 准备工作	工具、用具准备齐全	10	自备工具少一件扣 2 分，扣完为止
2. 焊缝外观	焊缝表面不允许有焊瘤、气孔、夹渣等缺陷	5	出现任何一种缺陷不得分
	焊缝咬边深度小于等于 0.5 mm，两侧咬边总长度不超过焊缝有效长度的 10%	5	焊缝咬边深度小于等于 0.5 mm，累计长度每 5 mm 扣 1 分；累计长度超过焊缝有效长度的 10%不得分；咬边深度大于 0.5 mm 不得分
	背面凹坑深度小于等于 20%δ 且小于等于 2 mm，累计长度不超过焊缝有效长度 10%	5	深度小于等于 20%δ 且小于等于 2 mm 时，每 10 mm 长度扣 1 分；累计长度超过焊缝有效长度的 10%时，不得分；深度大于 2 mm 时，不得分
	焊缝余高 0～4 mm，余高差小于等于 2 mm，焊缝宽度比坡口每侧增宽 0.5～3.0 mm，宽度差小于等于 3 mm	5	每种尺寸超标一处扣 1 分，扣完为止

续表

评分项目	评分要点	配分比重（%）	评分标准及扣分
2. 焊缝外观	背面焊缝余高小于等于 3 mm	5	超标不得分
	错边小于等于 10%δ 且小于等于 2 mm	5	超标不得分
	焊后角变形小于等于 3°	5	超标不得分
	外观成形美观，焊纹均匀、细密、高低宽窄一致	5	焊缝平整，焊纹不均匀，扣 2 分；外观成形一般，焊缝平直，局部高低宽窄不一致，扣 3 分；焊缝弯曲，高低宽窄明显不一致，有表面焊接缺陷，不得分
3. 内部质量	X 射线探伤检验	40	Ⅰ级片不扣分；Ⅱ级片扣 7 分；Ⅲ级片扣 15 分；Ⅲ级片以下不得分
4. 否定项	焊缝出现裂纹、未熔合、烧穿缺陷；焊接操作时，随意改变试件操作位置；焊缝原始表面被破坏；超时 5 min		出现任何一项，按零分处理
5. 安全文明生产	严格按操作规程操作	10	劳保用品穿戴不全，扣 2 分；焊接过程中有违反操作规程的现象，根据情况扣 2～5 分；焊接完毕，场地清理不干净，工具码放不整齐，扣 3 分
合计		100	

第5章　气　　焊

考核要点

操作技能考核范围	考核要点	重要程度
管径 ϕ<60 mm低碳钢管的对接水平转动和垂直固定气焊	管径 ϕ<60 mm低碳钢管的对接水平转动气焊	★★★
	管径 ϕ<60 mm低碳钢管的对接垂直固定气焊	★★★

注：其中“重要程度”中，“★”为重要程度级别最低，“★★★”为重要程度级别最高。

辅导练习题

【题目1】管径 ϕ<60 mm低碳钢管的对接水平转动气焊

1. 考核要求

(1) 必须穿戴劳动保护用品。

(2) 必备的工具、用具准备齐全。

(3) 焊前将坡口处的油污、氧化膜清理干净，焊丝除锈。

(4) 单面焊双面成形。

(5) 组对时错变量控制在允许范围内。

(6) 焊接过程中，试件可随意转动。

(7) 焊接结束后，焊缝表面要清理干净，并保持焊缝原始状态，不允许补焊、返修及修磨。

(8) 操作过程符合安全文明生产要求。

2. 准备工作

(1) 材料准备

序号	名称	规格	数量	备注
1	H08MnA焊丝	ϕ2.5 mm	1.5 m	鉴定站准备
2	Q235钢管	ϕ57 mm×100 mm×4 mm	2根/人	加工30°坡口，由鉴定站准备

试件形状及尺寸：

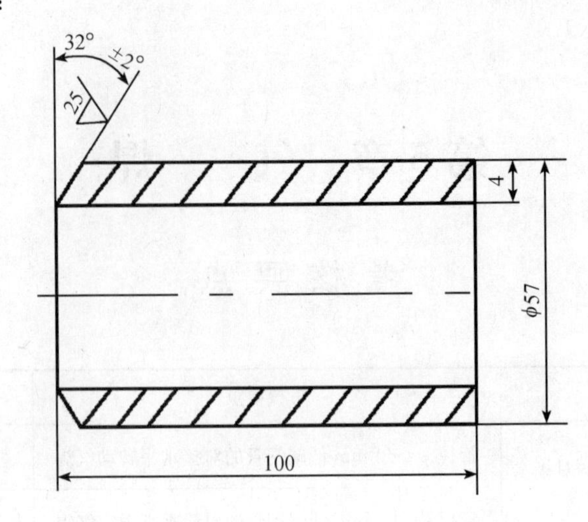

（2）设备准备

序号	名称	规格	数量	备注
1	氧气瓶、乙炔瓶		各1个	鉴定站准备
2	氧气胶管、乙炔胶管		各1根	鉴定站准备
3	氧气减压器、乙炔减压器	QD—1型、QD—20型	各1个	鉴定站准备
4	焊接工作台（架）		1个	鉴定站准备

注：氧气瓶、乙炔瓶、胶管、减压器、焊接工作台（架）配套要齐全，工作布局合理。

（3）工具、量具准备

序号	名称	规格	数量	备注
1	射吸式焊炬	H01—6型3号焊嘴	每人1把	鉴定站准备
2	焊接检验尺		不少于3把	鉴定站准备
3	钢丝钳	200 mm	不少于2把	鉴定站准备
4	护目镜	自定	1副	考生准备
5	通针		1根	考生准备
6	活动扳手	250 mm	1把	考生准备
7	钢丝刷		1把	考生准备
8	纱布	60～80号	适量	考生准备

3. 考核时限

（1）基本时间

准备时间5 min（不计入考试时间）；正式操作时间30 min。

（2）时间允差

提前完成操作不加分，超时操作按规定标准评分。

4. 评分项目及标准

评分项目	评分要点	配分比重（%）	评分标准及扣分
1. 准备工作	工具、用具准备齐全	10	自备工具少一件扣 5 分
2. 焊缝外观	焊缝表面不允许有焊瘤、气孔、烧穿、夹渣缺陷	10	出现任何一种缺陷不得分
	焊缝咬边深度小于等于 0.5 mm，两侧咬边总长度不超过焊缝有效长度的 15%	15	焊缝咬边深度小于等于 0.5 mm 时，咬边长度每 5 mm 扣4 分；累计长度超过焊缝有效长度的 15%不得分；咬边深度大于 0.5 mm 不得分
	用直径等于 0.85 倍管内径的钢球进行通球试验	10	通球不过不得分
	焊缝余高 0～4 mm；焊缝宽度比坡口每侧增 0.5～1.5 mm；焊缝宽度误差小于等于 3 mm	10	每种尺寸超标一处扣 2 分，扣完为止
	错变量小于等于 10%δ	5	超标不得分
	外观成形美观，焊纹均匀、细密、高低宽窄一致	10	成形尚可，焊缝平直扣 2 分；焊缝弯曲，高低宽窄不一致，有表面焊接缺陷不得分
3. 焊缝内部质量	焊件经 X 射线探伤后焊缝的质量至少达到 GB 3323—87 标准中的Ⅲ级	30	Ⅰ级片不扣分；Ⅱ级片扣 5 分；Ⅲ级片扣 12 分；Ⅲ级片以下不得分
4. 否定项	焊缝出现裂纹、未熔合；焊缝原始表面被破坏；超时 5 min		出现任何一项，按零分处理
5. 安全文明生产	严格按操作规程操作		违反操作规程一项从总分中扣除 5 分；严重违规停止操作，成绩记零分
6. 考试时限	在规定时间内完成		超时停止操作
合计		100	

【题目 2】管径 ϕ<60 mm 低碳钢管的对接垂直固定焊

1. 考核要求

（1）必须穿戴劳动保护用品。

（2）必备的工具、用具准备齐全。

（3）焊前将坡口处的油污、氧化膜清理干净，焊丝除锈。

（4）单面焊双面成型。

（5）组对时错变量控制在允许范围内。

（6）焊接过程中，试件位置不得随意变更。

（7）焊接结束后，焊缝表面要清理干净，并保持焊缝原始状态，不允许补焊、返修及修磨。

（8）操作过程符合安全文明生产要求。

2. 准备工作

（1）材料准备

序号	名称	规格	数量	备注
1	H08MnA 焊丝	ϕ2.5 mm	1.5 m	由鉴定站准备
2	Q235 钢管	ϕ57 mm×100 mm×4 mm	2 根/人	加工 30°坡口，由鉴定站准备

试件形状及尺寸：

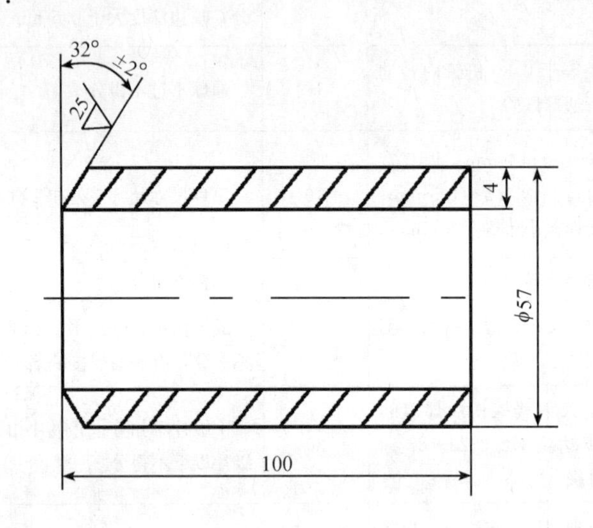

（2）设备准备

序号	名称	规格	数量	备注
1	氧气瓶、乙炔瓶		各1个	由鉴定站准备
2	氧气胶管、乙炔胶管		各1根	由鉴定站准备
3	氧气减压器、乙炔减压器	QD—1型、QD—20型	各1个	由鉴定站准备
4	焊接工作台（架）		1个	由鉴定站准备

注：氧气瓶、乙炔瓶、胶管、减压器、焊接工作台（架）配套要齐全，工作布局合理。

（3）工具、量具准备

序号	名称	规格	数量	备注
1	射吸式焊炬	H01—6型3号焊嘴	每人1把	由鉴定站准备
2	焊接检验尺		不少于3把	由鉴定站准备
3	钢丝钳	200 mm	不少于2把	由鉴定站准备
4	护目镜	自定	1副	由考生准备
5	通针		1根	由考生准备

续表

序号	名称	规格	数量	备注
6	活动扳手	250 mm	1 把	由考生准备
7	钢丝刷		1 把	由考生准备
8	纱布	60～80 号	适量	由考生准备

3. 考核时限

(1) 基本时间

准备时间：5 min（不计入考试时间）；正式操作时间：30 min。

(2) 时间允差

提前完成操作不加分，超时操作按规定标准评分。

4. 评分项目及标准

序号	考试内容	评分要素	配分（%）	评分标准及扣分
1	准备工作	工具、用具准备齐全	10	自备工具少一件扣 5 分
2	焊缝外观	焊缝表面不允许有焊瘤、气孔、烧穿、夹渣缺陷	10	出现任何一种缺陷不得分
		焊缝咬边深度小于等于 0.5 mm，两侧咬边总长度不超过焊缝有效长度的 15%	20	焊缝咬边深度小于等于 0.5 mm 时，咬边长度每 5 mm 扣4 分；累计长度超过焊缝有效长度的 15%不得分；咬边深度大于 0.5 mm 不得分
		用直径等于 0.85 倍管内径的钢球进行通球试验	10	通球不过不得分
		焊缝余高 0～4 mm；焊缝宽度比坡口每侧增 0.5～2.5 mm；焊缝宽度误差小于等于 3 mm	10	每种尺寸超标一处扣 2 分，扣完为止
		错变量小于等于 10%δ	5	超标不得分
		外观成形美观，纹理均匀、细密、高低宽窄一致	5	成形尚可，焊缝平直扣 2 分；焊缝弯曲，高低宽窄不一致，有表面焊接缺陷不得分
3	焊缝内部质量	焊件经 X 射线探伤后焊缝的质量至少达到 GB 3323—87 标准中的Ⅲ级	30	Ⅰ级片不扣分；Ⅱ级片扣 5 分；Ⅲ级片扣 12 分；Ⅲ级片以下不得分
4	否定项	焊缝出现裂纹、未熔合；焊接操作时任意更改焊接位置；焊缝原始表面被破坏		出现任何一项，按零分处理

续表

序号	考试内容	评分要素	配分（%）	评分标准及扣分
5	安全文明生产	严格按操作规程操作		违反操作规程一项从总分中扣除5分；严重违规停止操作，成绩记零分
6	考试时限	在规定时间内完成		超时停止操作
合计			100	

【题目3】ϕ16 mmⅠ级钢筋的气压焊

1. 考核要求

（1）必须穿戴劳动保护用品。

（2）焊前将焊接部位和电极钳口接触的100～150 mm区段内钢筋表面上的锈斑、油污、杂物等，应清除干净。

（3）安装焊接夹具和钢筋时，应将两根钢筋分别加紧，并使两根钢筋的轴线对正。钢筋安装后，应对钢筋轴向施加5～10 MPa的初压力顶紧，两根钢筋之间的缝隙不得大于3 mm。

（4）焊接完毕，用钢丝刷清理接头。场地清理干净，工具摆放整齐。

（5）符合安全，文明生产。

2. 准备工作

（1）材料准备

序号	名称	规格	数量	备注
1	Ⅰ级钢筋	ϕ16 mm×1000 mm	2件/人	直径允许在14～40 mm范围内选取

试件形状及尺寸：

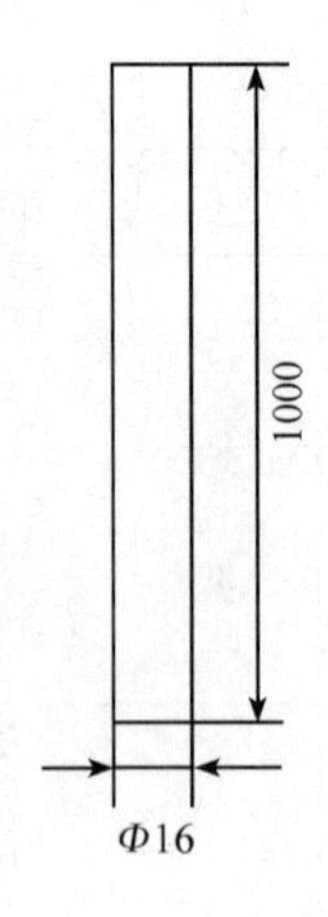

（2）设备准备

序号	名称	规格	数量	备注
1	钢筋气压焊接机	根据实际情况确定	1 套/工位	鉴定站准备

（3）工具、量具准备

序号	名称	规格	数量	备注
1	游标卡尺		不少于 3 把	鉴定站准备
2	钢直尺	根据实际情况确定	不少于 3 把	鉴定站准备
3	放大镜	5 倍	不少于 3 把	鉴定站准备
4	钢印		2 套	鉴定站准备
5	电焊手套	自定	1 副	考生准备
6	锉刀	自定	1 把	考生准备
7	敲渣锤	自定	1 把	考生准备
8	钢丝刷	自定	1 把	考生准备
9	角向磨光机	自定	1 台	考生准备

3. 考核时限

（1）基本时间

准备时间：25 min；正式操作时间：3 min（不包括组对时间）。

（2）时间允差

操作超过规定时间 1 min（包括 1 min）以内扣总分 3 分，超时 1 min 以上本题零分。

4. 评分项目及标准

评分项目	评分要点	配分比重（%）	评分标准及扣分
1. 准备工作	工具、用具准备齐全	10	自备工具少一件扣 2 分，扣完为止
2. 焊缝外观	焊缝表面不允许有气孔、夹渣、烧伤等缺陷	15	出现任何一种缺陷不得分
	焊缝咬边深度小于等于 0.5 mm，两侧咬边总长度不超过焊缝有效长度的 10%	15	焊缝咬边深度小于等于 0.5 mm，累计长度每 5 mm 扣 2 分；累计长度超过焊缝有效长度的 10%不得分；咬边深度大于 0.5 mm 不得分
	接头处的折弯角不大于 3°	10	接头处的折弯角大于 3°时不得分

续表

评分项目	评分要点	配分比重（%）	评分标准及扣分
2. 焊缝外观	四周焊包凸出钢筋表面的高度应大于等于4 mm	15	四周焊包凸出钢筋表面的高度大于等于3 mm且小于4 mm，扣5分；四周焊包凸出钢筋表面的高度小于3 mm不得分
	接头处的轴线偏移不超过0.1倍钢筋直径，同时不大于2 mm。	10	超标不得分
	焊包均匀、无下淌，外观成形美观	15	焊缝平整，焊纹不均匀，扣2分；外观成形一般，焊缝平直，局部高低宽窄不一致，扣3分；焊缝弯曲，高低宽窄明显不一致，有表面焊接缺陷，不得分
3. 否定项	焊缝出现裂纹、未熔合、焊接操作时，随意改变试件操作位置；焊缝原始表面被破坏；超时1 min		出现任何一项，按零分处理
4. 安全文明生产	严格按操作规程操作	10	劳保用品穿戴不全，扣2分；焊接过程中有违反操作规程的现象，根据情况扣2～5分；焊接完毕，场地清理不干净，工具码放不整齐，扣3分
合计		100	

第6章　钎　　焊

考 核 要 点

操作技能考核范围	考核要点	重要程度
低碳钢板搭接手工火焰钎焊	100 mm×30 mm×4 mm Q235A 低碳钢板搭接手工火焰钎焊	★★★
不锈钢板搭接手工火焰钎焊	100 mm×30 mm×4 mm 06Cr19Ni10 不锈钢板搭接手工火焰钎焊	★★★

注：其中“重要程度”中，“★”为重要程度级别最低，“★★★”为重要程度级别最高。

辅导练习题

【题目 1】 100 mm×30 mm×4 mm Q235A 低碳钢板搭接手工火焰钎焊

1. 考核要求

（1）必须穿戴劳动保护用品。

（2）必备的工具、用具准备齐全。

（3）钎焊前将钎焊接头表面的铁锈、氧化物清理干净。

（4）试件组对时，两板搭接长度为 12 mm，采用自重定位。

（5）按规定位置进行焊接，不得随意变更。

（6）焊接结束后，及时将钎剂和熔渣清除干净，以防腐蚀。场地清理干净，工具摆放整齐。

（7）符合安全，文明生产。

2. 准备工作

（1）材料准备

序号	名称	规格	数量	备注
1	Q235A 钢板	100 mm×30 mm×4 mm	2 件/人	鉴定站准备
2	钎料	H62	适量	鉴定站准备
3	钎剂	QJ103	适量	鉴定站准备

（2）设备准备

序号	名称	规格	数量	备注
1	氧气瓶、乙炔瓶		各1个	鉴定站准备
2	氧气胶管、乙炔胶管		各1个	鉴定站准备
3	氧气减压器、乙炔减压器	QD-1型、QD-20型	各1个	鉴定站准备
4	钎焊工作台		1个	鉴定站准备

（3）工具、量具准备

序号	名称	规格	数量	备注
1	焊炬	H01-6　3号焊嘴	1把	鉴定站准备
2	钢直尺	根据实际情况确定	1把	鉴定站准备
3	放大镜	5倍	1把	鉴定站准备
4	手套	自定	1副	考生准备
5	锉刀	自定	1把	考生准备
6	錾子	自定	1把	考生准备
7	钢丝刷	自定	1把	考生准备
8	纱布	自定	适量	考生准备
9	通针	自定	1根	考生准备

3. 考核时限

（1）基本时间

基本时间：20 min；正规操作时间：15 min（不包括最对时间）。

（2）时间允差

操作超过规定时间5 min（包括5 min）以内扣总分3分，超时5 min以上本题零分。

4. 评分项目及标准

评分项目	评分要点	配分比重（%）	评分标准及扣分
1. 准备工作	工具、用具准备齐全	10	自备工具少一件扣2分，扣完为止
2. 气刨槽表面质量	钎缝外露一端是否形成圆角，圆角是否均匀，表面是否清洁、光滑	10	有其中一项扣3分
	钎料是否填满间隙	10	未填满扣5分
	表面不允许有裂纹、气孔和其他外部缺陷	20	有裂纹扣8分，有气孔扣5分，其他外部缺陷扣3分

续表

评分项目	评分要点	配分比重（%）	评分标准及扣分
3. 内部质量	X 射线探伤检验	30	Ⅰ级片不扣分；Ⅱ级片扣 5 分；Ⅲ级片扣 12 分；Ⅲ级片以下不得分
4. 安全文明生产	严格按操作规程操作	10	违反操作规程一项从总分中扣除 5 分；严重违规停止操作，成绩记零分
5. 考试时限	在规定时间内完成	10	超过规定时间 5 min（包括 5 min）以内扣总分 3 分，超时 5 min 以上本题零分
合计		100	

【题目 2】 100 mm×30 mm×4 mm　06Cr19Ni10 不锈钢板搭接手工火焰钎焊

1. 考核要求

（1）必须穿戴劳动保护用品。

（2）必备的工具、用具准备齐全。

（3）钎焊前将钎焊接头表面的铁锈、氧化物清理干净。

（4）试件组对时，两板搭接长度为 12 mm，采用自重定位。

（5）按规定位置进行焊接，不得随意变更。

（6）焊接结束后，及时将钎剂和熔渣清除干净，以防腐蚀。场地清理干净，工具摆放整齐。

（7）符合安全，文明生产。

2. 准备工作

（1）材料准备

序号	名称	规格	数量	备注
1	06Cr19Ni10 不锈钢板	100 mm×30 mm×4 mm	2 件/人	鉴定站准备
2	钎料	B-Mn70NiCr	适量	鉴定站准备
3	钎剂	FB105	适量	鉴定站准备

（2）设备准备

序号	名称	规格	数量	备注
1	氧气瓶、乙炔瓶		各 1 个	鉴定站准备
2	氧气胶管、乙炔胶管		各 1 个	鉴定站准备
3	氧气减压器、乙炔减压器	QD-1 型、QD-20 型	各 1 个	鉴定站准备
4	钎焊工作台		1 个	鉴定站准备

（3）工具、量具准备

序号	名称	规格	数量	备注
1	焊炬	H01-6　3号焊嘴	1把	鉴定站准备
2	钢直尺	根据实际情况确定	1把	鉴定站准备
3	放大镜	5倍	1把	鉴定站准备
4	手套	自定	1副	考生准备
5	锉刀	自定	1把	考生准备
6	錾子	自定	1把	考生准备
7	钢丝刷	自定	1把	考生准备
8	纱布	自定	适量	考生准备
9	通针	自定	1根	考生准备

3. 考核时限

（1）基本时间

基本时间：20 min；正规操作时间：15 min（不包括组对时间）。

（2）时间允差

操作超过规定时间5 min（包括5 min）以内扣总分3分，超时5 min以上本题零分。

4. 评分项目及标准

评分项目	评分要点	配分比重（%）	评分标准及扣分
1. 准备工作	工具、用具准备齐全	10	自备工具少一件扣2分，扣完为止
2. 钎焊接头表面质量	钎缝外露一端是否形成圆角，圆角是否均匀，表面是否清洁、光滑	10	有其中一项扣3分
	钎料是否填满间隙	10	未填满扣5分
	表面不允许有裂纹、气孔和其他外部缺陷	20	有裂纹扣8分，有气孔扣5分，其他外部缺陷扣3分
3. 荧光检验	发现表面有裂纹、气孔	10	有其中任何一项扣3分
4. 内部质量	X射线探伤检验	20	Ⅰ级片不扣分；Ⅱ级片扣5分；Ⅲ级片扣12分；Ⅲ级片以下不得分
5. 安全文明生产	严格按操作规程操作	10	违反操作规程一项从总分中扣除5分；严重违规停止操作，成绩记零分
6. 考试时限	在规定时间内完成	10	超过规定时间5 min（包括5 min）以内扣总分3分，超时5 min以上本题零分
合计		100	

第7章　电　阻　焊

考核要点

操作技能考核范围	考核要点	重要程度
低碳薄板的电阻点焊	150 mm×60 mm×1.2 mm 低碳钢电阻点焊	★★★
光圆钢筋的闪光对焊	ϕ15 mm、L=20 mm 光圆钢筋的闪光对焊	★★★
低碳钢螺柱焊	螺柱 ϕ12 mm、L=50 mm 与 Q235，尺寸为 300 mm×150 mm×8 mm 低碳钢板的螺柱焊	★★★

注：其中“重要程度”中，“★”为重要程度级别最低，“★★★”为重要程度级别最高。

辅导练习题

【题目 1】 150 mm×60 mm×1.2 mm 低碳钢电阻点焊

1. 考核要求

（1）必须穿戴劳动保护用品。

（2）必备的工具、用具准备齐全。

（3）将低碳钢薄板表面的氧化皮、铁锈、油污清理干净。

（4）按操作规程操作。

（5）焊点表面无裂纹、烧伤、烧穿等质量问题。

（6）点焊结束后，将焊点周围的飞溅用纱布或钢丝刷清理干净。

2. 准备工作

（1）材料准备

序号	名称	规格	数量	备注
1	20 钢	150 mm×60 mm×1.2 mm	2 块/人	鉴定站准备

（2）设备准备

序号	名称	规格	数量	备注
1	点焊机	DN-25	1 台	鉴定站准备

（3）工具、量具准备

序号	名称	规格	数量	备注
1	角向磨光机	自定	1 台	鉴定站准备
2	钢丝刷	自定	1 把	鉴定站准备
3	锤子	自定	不少于 2 把	鉴定站准备
4	钢直尺	≥200 mm	不少于 2 把	鉴定站准备
5	放大镜	10 倍	不少于 2 把	鉴定站准备
6	钢印	自定	2 套	鉴定站准备
7	护目镜	自定	1 副	考生准备
8	石笔	自定	1 支	考生准备
9	细砂布	自定	2 块	考生准备

3. 考核时限

（1）基本时间

准备时间 5 min；正式操作时间 20 min（不包括准备时间）。

（2）时间允差

操作超过规定时间 5 min（包括 5 min）以内扣总分 3 分，超时 5 min 以上本题零分。

4. 评分项目及标准

序号	评分项目	评分要点	配分比重（%）	评分标准
1	准备工作	工具、用具准备齐全	10	自备工具少一件扣 5 分
2	装配尺寸	装配尺寸	10	尺寸超标不得分
3	表面质量	焊点位置及尺寸	10	焊点位置及尺寸超标各扣 3 分
		焊缝表面是否有裂纹、烧伤、烧穿、边缘胀裂、喷溅	20	有其中一项扣 3 分
4	内部质量	焊点是否有未熔合、未焊透	10	有其中一项缺陷扣 10 分
		是否有大块夹杂、气孔、缩孔、裂纹	20	有其一项缺陷扣 10 分
5	安全文明生产	严格按操作规程操作	10	违反操作规程一项从总分中扣除 5 分；严重违规停止操作，成绩记零分
6	考试时限	在规定时间内完成	10	超过额定时间 5 min（包括 5 min）以内扣总分 3 分，超时 5 min 以上本题零分
合计			100	

【题目 2】 ϕ15 mm、L=20 mm 光圆钢筋的闪光对焊

1. 考核要求

（1）必须穿戴劳动保护用品。

（2）必备的工具、用具准备齐全。

（3）将光圆钢筋表面的氧化皮、铁锈、油污清理干净。

（4）按操作规程操作。

（5）接头中无氧化膜、未焊透、夹渣、过烧等质量问题。

（6）对焊结束后，将接头处的金属飞溅用纱布或钢丝刷清理干净。

2. 准备工作

（1）材料准备

序号	名称	规格	数量	备注
1	光圆钢筋	ϕ15 mm　L=20 mm	2 根/人	鉴定站准备

（2）设备准备

序号	名称	规格	数量	备注
1	闪光对焊机	UN-160	1 台	鉴定站准备

（3）工具、量具准备

序号	名称	规格	数量	备注
1	角向磨光机	自定	1 台	鉴定站准备
2	钢丝刷	自定	1 把	鉴定站准备
3	锤子	自定	不少于 2 把	鉴定站准备
4	钢直尺	≥200 mm	不少于 2 把	鉴定站准备
5	放大镜	10 倍	不少于 2 把	鉴定站准备
6	钢印	自定	2 套	鉴定站准备
7	护目镜	自定	1 副	考生准备
8	石笔	自定	1 支	考生准备
9	细砂布	自定	2 块	考生准备

3. 考核时限

（1）基本时间

准备时间 5 min；正式操作时间 20 min（不包括准备时间）。

（2）时间允差

操作超过规定时间 5 min（包括 5 min）以内扣总分 3 分，超时 5 min 以上本题零分。

4. 评分项目及标准

序号	评分项目	评分要点	配分比重（%）	评分标准
1	准备工作	工具、用具准备齐全	10	自备工具少一件扣5分
2	装配尺寸	装配尺寸	10	尺寸超标不得分
3	接头质量	接头弯折角不大于4°	10	弯折角超标1°扣3分
		接头处轴线偏移不大于2 mm	10	轴线偏移1 mm扣5
		接头金属是否过烧或热影响区过热	10	有其中一项缺陷扣5分
		接头中是否有缩孔、裂纹、夹渣、未焊透、氧化膜	20	有其中一项扣10分
		接头部位是否有横向裂纹	10	有横向裂纹扣10分
4	安全文明生产	严格按操作规程操作	10	违反操作规程一项从总分中扣除5分；严重违规停止操作，成绩记零分
5	考试时限	在规定时间内完成	10	超过额定时间5 min（包括5 min）以内扣总分3分，超时5 min以上本题零分
合计			100	

【题目3】螺柱ϕ12 mm、L=50 mm与Q235，尺寸300 mm×150 mm×8 mm低碳钢板的螺柱焊

1. 考核要求

（1）必须穿戴劳动保护用品。

（2）必备的工具、用具准备齐全。

（3）将低碳钢钢板表面和螺柱端部的氧化皮、铁锈、油污清理干净。

（4）按操作规程操作。

（5）焊缝应连续、均匀、无咬边、裂纹等可见缺陷。

（6）焊接结束后，将保护磁环敲碎，用钢丝刷清理焊缝附近的焊渣。

2. 准备工作

（1）材料准备

序号	名称	规格	数量	备注
1	螺柱	ϕ12 mm　L=50 mm	1根	鉴定站准备
2	低碳钢钢板	Q235，尺寸为300 mm×150 mm×8 mm	1块	鉴定站准备
3	保护瓷环		1个	鉴定站准备

（2）设备准备

序号	名称	规格	数量	备注
1	螺柱焊机	RSN－1450	1 台	鉴定站准备

（3）工具、量具准备

序号	名称	规格	数量	备注
1	角向磨光机	自定	1 台	鉴定站准备
2	钢丝刷	自定	1 把	鉴定站准备
3	锤子	自定	不少于 2 把	鉴定站准备
4	钢直尺	≥200 mm	不少于 2 把	鉴定站准备
5	放大镜	10 倍	不少于 2 把	鉴定站准备
6	钢印	自定	2 套	鉴定站准备
7	护目镜	自定	1 副	考生准备
8	石笔	自定	1 支	考生准备
9	细砂布	自定	2 块	考生准备

3. 考核时限

（1）基本时间

准备时间 5 min；正式操作时间 20 min（不包括准备时间）。

（2）时间允差

操作超过规定时间 5 min（包括 5 min）以内扣总分 3 分，超时 5 min 以上本题零分。

4. 评分项目及标准

序号	评分项目	评分要点	配分比重（%）	评分标准
1	准备工作	工具、用具准备齐全	10	自备工具少一件扣 5 分
2	装配尺寸	装配尺寸	10	尺寸超标不得分
3	接头质量	是否烧穿工件或焊后工件背面凸起	10	有其中一项扣 5 分
		焊缝是否熔合不良、熔深不够和焊后螺柱长度超标	20	超标一项扣 5 分
		螺柱是否插入焊件	10	未插入焊件扣 10 分
		焊缝是否连续、均匀，是否有裂纹等可见缺陷	20	有其中一项扣 5 分
4	安全文明生产	严格按操作规程操作	10	违反操作规程一项从总分中扣除 5 分；严重违规停止操作，成绩记零分
5	考试时限	在规定时间内完成	10	超过规定时间 5 min（包括 5 min）以内扣总分 3 分，超时 5 min 以上成绩记零分
合计			100	

第8章　压　力　焊

考核要点

操作技能考核范围	考核要点	重要程度
低碳钢板的扩散焊	厚度 δ=8～12 mm 的低碳钢平板结构试件的焊接	★★★
小径Ⅰ级钢筋的电渣压力焊	直径 ϕ=14～40 mm Ⅰ级钢筋的焊接	★★★

注：其中“重要程度”中，“★”为重要程度级别最低，“★★★”为重要程度级别最高。

辅导练习题

【题目1】厚度 δ=12 mm 20钢平板结构试件的真空扩散焊

1. 考核要求

（1）必须穿戴劳动保护用品。

（2）试件结构形式：平板。

（3）焊前用砂纸打磨试件，酸洗试件，然后水洗，再用丙酮清洗。

（4）试件组对：试件表面必须保证平行，按要求装炉，加隔热层。

（5）焊接完毕，停止加热，进入随炉冷却状态。180℃以下，戴石棉手套从真空室中取出被焊零件，焊缝表面清理干净，并保持原始状态，不允许补焊、返修及修磨。场地清理干净，工具摆放整齐。

（6）符合安全，文明生产。

2. 准备工作

（1）材料准备

序号	名称	规格	数量	备注
1	20钢	50 mm×50 mm×12 mm	2件/人	板厚允许在8～12 mm范围内选取

试件形状及尺寸：

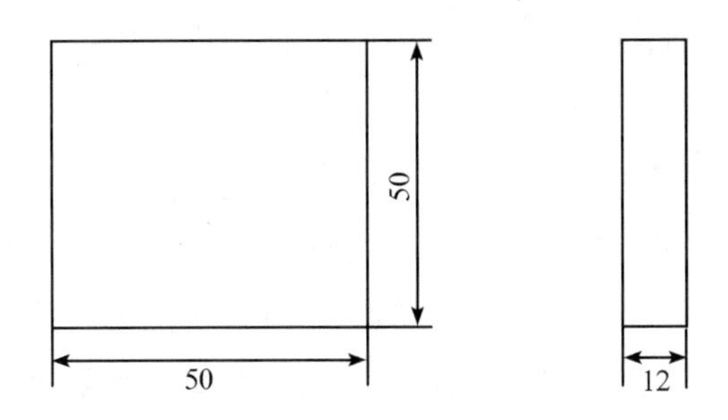

（2）设备准备

序号	名称	规格	数量	备注
1	真空扩散焊机	根据实际情况确定	1 台/工位	鉴定站准备

（3）工具、量具准备

序号	名称	规格	数量	备注
1	钢直尺	根据实际情况确定	不少于 3 把	鉴定站准备
2	放大镜	5 倍	不少于 3 把	鉴定站准备
3	钢印		2 套	鉴定站准备
4	石棉手套	自定	1 副	考生准备
5	锉刀	自定	1 把	考生准备
6	砂纸	自定	自定	考生准备
7	酸洗	自定	自定	考生准备
8	丙酮	自定	自定	考生准备

3. 考核时限

（1）基本时间

准备时间 25 min；正式操作时间 360 min（不包括组对时间）。

（2）时间允差

操作超过规定时间 30 min（包括 30 min）以内扣总分 3 分，超时 30 min 以上本题零分。

4. 评分项目及标准

评分项目	评分要点	配分比重（%）	评分标准及扣分
1. 准备工作	工具、用具准备齐全	10	自备工具少一件扣 2 分，扣完为止
2. 焊缝外观	两试件完全焊合，重叠整齐	80	根据两试件重叠整齐情况扣 2～20 分
3. 否定项	两试件未焊合		按零分处理
4. 安全文明生产	严格按操作规程操作	10	劳保用品穿戴不全，扣 2 分；焊接过程中有违反操作规程的现象，根据情况扣 2～5 分；焊接完毕，场地清理不干净，工具码放不整齐，扣 3 分
合计		100	

【题目2】厚度$\delta=12$ mm Q235钢平板结构试件的真空扩散焊

1. 考核要求

（1）必须穿戴劳动保护用品。

（2）试件结构形式：平板。

（3）焊前用砂纸打磨试件，酸洗试件，然后水洗，再用丙酮清洗。

（4）试件组对：试件表面必须保证平行，按要求装炉，加隔热层。

（5）焊接完毕，停止加热，进入随炉冷却状态。180℃以下，戴石棉手套从真空室中取出被焊零件，焊缝表面清理干净，并保持原始状态，不允许补焊、返修及修磨。场地清理干净，工具摆放整齐。

（6）符合安全，文明生产。

2. 准备工作

（1）材料准备

序号	名称	规格	数量	备注
1	Q235	50 mm×50 mm×12 mm	2件/人	板厚允许在8～12 mm范围内选取

试件形状及尺寸。

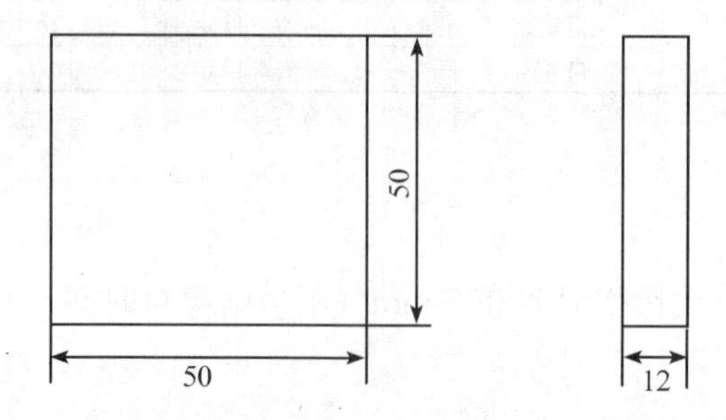

（2）设备准备

序号	名称	规格	数量	备注
1	真空扩散焊机	根据实际情况确定	1台/工位	鉴定站准备

（3）工具、量具准备

序号	名称	规格	数量	备注
1	钢直尺	根据实际情况确定	不少于3把	鉴定站准备
2	放大镜	5倍	不少于3把	鉴定站准备
3	钢印		2套	鉴定站准备
4	石棉手套	自定	1副	考生准备

续表

序号	名称	规格	数量	备注
5	锉刀	自定	1 把	考生准备
6	砂纸	自定	自定	考生准备
7	酸洗	自定	自定	考生准备
8	丙酮	自定	自定	考生准备

3. 考核时限

(1) 基本时间

准备时间 25 min；正式操作时间 360 min（不包括组对时间）。

(2) 时间允差

操作超过规定时间 30 min（包括 30 min）以内扣总分 3 分，超时 30 min 以上本题零分。

4. 评分项目及标准

评分项目	评分要点	配分比重（%）	评分标准及扣分
1. 准备工作	工具、用具准备齐全	10	自备工具少一件扣 2 分，扣完为止
2. 焊缝外观	两试件完全焊合，重叠整齐。	80	根据两试件重叠整齐情况扣 2～20 分
3. 否定项	两试件未焊合		按零分处理
4. 安全文明生产	严格按操作规程操作	10	劳保用品穿戴不全，扣 2 分；焊接过程中有违反操作规程的现象，根据情况扣 2～5 分；焊接完毕，场地清理不干净，工具码放不整齐，扣 3 分
合计		100	

【题目 3】ϕ16 mm Ⅰ级钢筋的电渣压力焊

1. 考核要求

(1) 必须穿戴劳动保护用品。

(2) 焊前将焊接部位和电极钳口接触的 100～150 mm 区段内钢筋表面上的锈斑、油污、杂物等清除干净。

(3) 将钢筋进行矫直，先把焊机的下夹头卡装在下钢筋上，然后将上钢筋卡装在上夹头上。使上下两钢筋端部接触（也可在两端面间放 ϕ4×5 mm 的焊条一小段，便于引弧），安装上焊剂盒，将 HJ431 焊剂倒入焊剂盒，以装满为准。

(4) 焊接完毕，关闭电焊机，回收焊剂和卸下焊接夹具。敲去渣壳，用钢丝刷清理接头。场地清理干净，工具摆放整齐。

(5) 符合安全，文明生产。

2. 准备工作

（1）材料准备

序号	名称	规格	数量	备注
1	Ⅰ级钢筋	ϕ16 mm×1 000 mm	2件/人	直径允许在14～40 mm范围内选取

试件形状及尺寸：

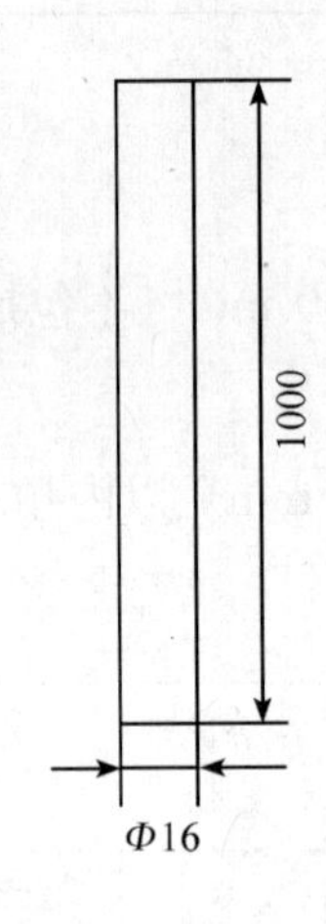

（2）设备准备

序号	名称	规格	数量	备注
1	交流或直流焊机	根据实际情况确定	1台/工位	鉴定站准备
2	焊剂烘干箱	根据实际情况确定	2台/鉴定站	鉴定站准备
3	焊剂箱	根据实际情况确定	1个/工位	鉴定站准备

（3）工具、量具准备

序号	名称	规格	数量	备注
1	游标卡尺		不少于3把	鉴定站准备
2	钢直尺	根据实际情况确定	不少于3把	鉴定站准备
3	放大镜	5倍	不少于3把	鉴定站准备
4	钢印		2套	鉴定站准备
5	电焊手套	自定	1副	考生准备
6	锉刀	自定	1把	考生准备
7	敲渣锤	自定	1把	考生准备
8	钢丝刷	自定	1把	考生准备
9	角向磨光机	自定	1台	考生准备

3. 考核时限

（1）基本时间

准备时间 25 min；正式操作时间 3 min（不包括组对时间）。

（2）时间允差

操作超过规定时间 1 min（包括 1 min）以内扣总分 3 分，超时 1 min 以上本题零分。

4. 评分项目及标准

评分项目	评分要点	配分比重（%）	评分标准及扣分
1. 准备工作	工具、用具准备齐全	10	自备工具少一件扣 2 分，扣完为止
2. 焊缝外观	焊缝表面不允许有气孔、夹渣、烧伤等缺陷	15	出现任何一种缺陷不得分
	焊缝咬边深度不大于 0.5 mm，两侧咬边总长度不超过焊缝有效长度的 10%	15	焊缝咬边深度不大于 0.5 mm，累计长度每 5 mm 扣 2 分；累计长度超过焊缝有效长度的 10%不得分；咬边深度大于 0.5 mm 不得分
	接头处的折弯角不大于 3°	10	接头处的折弯角大于 3°时不得分
	四周焊包凸出钢筋表面的高度应大于等于 4 mm	15	四周焊包凸出钢筋表面的高度大于等于 3 mm 且小于 4 mm 扣 5 分；四周焊包凸出钢筋表面的高度小于 3 mm 不得分
	接头处的轴线偏移不超过 0.1 倍钢筋直径，同时不大于2 mm。	10	超标不得分
	焊包均匀、无下淌，外观成形美观	15	焊缝平整，焊纹不均匀，扣 2 分；外观成形一般，焊缝平直，局部高低宽窄不一致，扣 3 分；焊缝弯曲，高低宽窄明显不一致，有表面焊接缺陷，不得分
3. 否定项	焊缝出现裂纹、未熔合；焊接操作时，随意改变试件操作位置；焊缝原始表面被破坏；超时 1 min		出现任何一项，按零分处理
4. 安全文明生产	严格按操作规程操作	10	劳保用品穿戴不全，扣 2 分；焊接过程中有违反操作规程的现象，根据情况扣 2～5 分；焊接完毕，场地清理不干净，工具码放不整齐，扣 3 分
合计		100	

第9章　切　　割

考 核 要 点

操作技能考核范围	考核要点	重要程度
低碳钢板的手工气割	300 mm×100 mm×12 mm 钢板	★★★
低碳钢板的手工碳弧气刨	600 mm×300 mm×12 mm 钢板	★★★
低合金钢板的手工碳弧气刨	600 mm×300 mm×12 mm 钢板	★★★

注：其中“重要程度”中，“★”为重要程度级别最低，“★★★”为重要程度级别最高。

辅导练习题

【题目1】低碳钢板的手工气割

1. 考核要求

（1）必须穿戴劳动保护用品。

（2）必备的工具、用具准备齐全。

（3）将待割处的油污、铁锈清理干净。

（4）按操作规程操作。

（5）严格按规定位置进行气割，不得随意更改。

（6）气割位置准确，气割尺寸达到受检尺寸。

（7）割口平直，无明显挂渣、塌角，割纹均匀。

（8）气割结束后，气割表面要清理干净，并保持割缝原始状态。

（9）符合安全，文明生产。

2. 准备工作

（1）材料准备

序号	名称	规格	数量	备注
1	Q235 钢板	300 mm×100 mm×12 mm	1 块	剪板机剪切，由鉴定站准备

试件形状及尺寸。

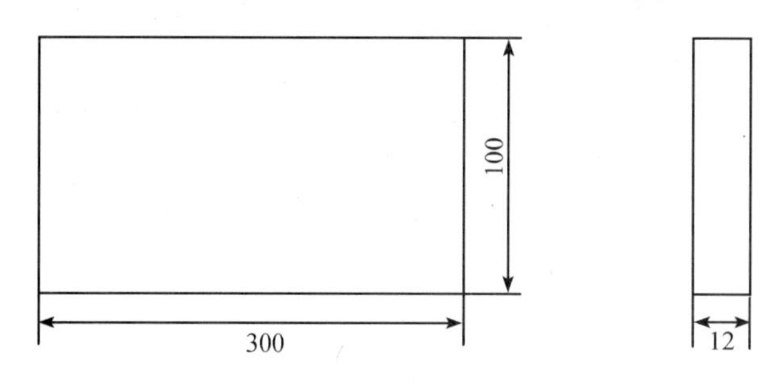

（2）设备准备

序号	名称	规格	数量	备注
1	氧气瓶、乙炔瓶		各 1 个	鉴定站准备
2	氧气胶管、乙炔胶管		各 1 根	鉴定站准备
3	氧气减压器、乙炔减压器	QD-1 型、QD-20 型	各 1 个	鉴定站准备
4	气割专用平台（架）		1 个	鉴定站准备

（3）工具、量具准备

序号	名称	规格	数量	备注
1	射吸式割炬	G01-30 型 1 号割嘴	1 把/人	鉴定站准备
2	焊接检验尺		不少于 3 把	鉴定站准备
3	钢丝钳	200 mm	不少于 2 把	鉴定站准备
4	手锤		不少于 2 把	鉴定站准备
5	护目镜	自定	1 副	考生准备
6	通针		1 根	考生准备
7	活动扳手	250 mm	1 把	考生准备
8	钢直尺	0～500 mm	1 把	考生准备
9	样冲		1 个	考生准备
10	石笔		1 支	考生准备

3. 考核时限

（1）基本时间

准备时间 5 min；正式操作时间 30 min（不包括准备时间）。

（2）时间允差

操作超过规定时间 5 min（包括 5 min）以内扣总分 3 分，超时 5 min 以上本题零分。

4. 评分项目及标准

序号	评分项目	评分要点	配分比重（%）	评分标准
1	准备工作	工具、用具准备齐全	10	自备工具少一件扣5分
2	割透状态	要求一次割完	20	气割次数每增加一次扣5分；气割次数超过3次不得分
3	试件下料尺寸精度	保证割件尺寸	20	每超差1 mm扣5分；超差2 mm扣10分；超差3 mm不得分
4	切割面质量	割面平面度不大于1 mm	10	平面度大于1 mm不得分
		割面粗糙度不大于0.3 mm	10	粗糙度大于0.3 mm不得分
		允许有条状挂渣，可铲除	10	挂渣较难清除，清除后留有残迹不得分
		上缘塌边宽度不大于1 mm	10	每超差0.5 mm扣5分；每超差2 mm不得分
		直线度误差不大于2 mm	10	每超差1 mm扣5分；每超差4 mm扣10分
5	否定项	回火烧毁割嘴；焊缝原始表面破坏		出现任何一处，按零分处理
6	安全文明生产	严格按操作规程操作		违反操作规程一项从总分中扣除5分；严重违规停止操作，成绩记零分
7	考试时限	在规定时间内完成		超时停止操作
合计			100	

【题目2】低碳钢的手工碳弧气刨

1. 考核要求

（1）必须穿戴劳动保护用品。

（2）必备的工具、用具准备齐全。

（3）将待刨处的油污、铁锈清理干净。

（4）按操作规程操作。

（5）严格按规定位置进行刨削，不得随意更改。

（6）刨削位置准确，刨削尺寸达到受检尺寸。

（7）刨槽平直，无明显夹碳、粘渣。

（8）刨削结束后，表面要清理干净，并要求刨出缓坡，便于焊接修补。

（9）符合安全，文明生产。

2. 准备工作

（1）材料准备

序号	名称	规格	数量	备注
1	Q235钢板	600 mm×300 mm×12 mm	1块	剪板机剪切，由鉴定站准备

刨单面 U 形坡口，尺寸如下图所示。

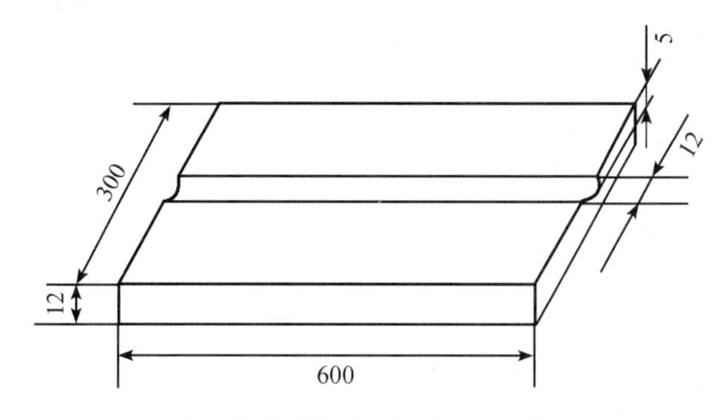

Q235 钢板碳弧气刨 U 形坡口尺寸

（2）设备准备

序号	名称	规格	数量	备注
1	气刨电源	ZX5-500	1 台	鉴定站准备
2	空压机		1 台	鉴定站准备
3	气刨专用平台（架）		1 个	鉴定站准备

（3）工具、量具准备

序号	名称	规格	数量	备注
1	碳弧气刨枪		1 把/人	鉴定站准备
2	碳棒	ϕ7 mm	不少于 1 盒	鉴定站准备
3	磨光机		1 台	鉴定站准备
4	护目镜	自定	1 副	考生准备
5	耳塞		1 副	考生准备

3. 考核时限

（1）基本时间

准备时间 5 min；正式操作时间 30 min（不包括准备时间）。

（2）时间允差

操作超过规定时间 5 min（包括 5 min）以内扣总分 3 分，超时 5 min 以上本题零分。

4. 评分项目及标准

评分项目	评分要点	配分比重（%）	评分标准及扣分
1. 准备工作	工具、用具准备齐全	10	自备工具少一件扣 2 分，扣完为止
2. 气刨槽表面的清理情况	刨槽及其边缘是否有铁渣、毛刺和氧化皮	15	有其中一项扣 3 分，扣完为止

续表

评分项目	评分要点	配分比重（%）	评分标准及扣分
3. 气刨槽表面质量	表面是否有加碳、粘渣、钢斑及裂纹等缺陷	20	有其中任一项扣5分，扣完为止
4. 气刨槽尺寸和形状质量	宽度允许差不大于2 mm	10	超标2 mm扣5分，超标大于2 mm扣10分
	深度允许差不大于2 mm	10	超标1 mm扣5分，超标大于1 mm扣10分
	中心的偏移不大于2 mm	10	超标1 mm扣5分，超标大于2 mm扣10分
5. 上缘熔化程度	是否产生塌角及形成间断或连续性的熔滴及熔化条状物	15	上缘有圆角，塌边宽度不大于1.0 mm，扣3分；上缘有明显圆角，塌边宽度不大于1.5 mm，棱角边缘有熔融金属，扣5分；上缘有圆角，塌边宽度不大于2.5 mm，棱角边缘有连续熔融金属，扣8分
6. 气刨槽表面粗糙度	割面粗糙度不大于0.3 mm	10	粗糙度大于0.3 mm不得分
7. 安全文明生产	严格按操作规程操作		违反操作规程一项从总分中扣除5分；严重违规停止操作，成绩记零分
8. 考试时限	在规定时间内完成		超过规定时间5 min（包括5 min）以内扣总分3分，超时5 min以上本题零分

【题目3】低合金钢板的手工碳弧气刨

1. 考核要求

（1）必须穿戴劳动保护用品。

（2）必备的工具、用具准备齐全。

（3）将待刨处的油污、铁锈清理干净。

（4）按操作规程操作。

（5）严格按规定位置进行刨削，不得随意更改。

（6）刨削位置准确，刨削尺寸达到受检尺寸。

（7）刨槽平直，无明显夹碳、粘渣。

（8）刨削结束后，表面要清理干净，并要求刨出缓坡，便于焊接修补。

（9）符合安全，文明生产。

2. 准备工作

（1）材料准备

序号	名称	规格	数量	备注
1	Q345钢板	600 mm×300 mm×12 mm	1块	剪板机剪切，鉴定站准备

刨单面 U 形坡口，尺寸如下图所示。

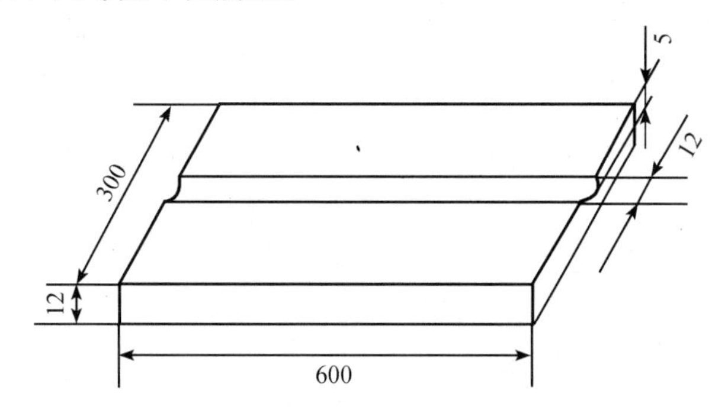

Q345 钢板碳弧气刨 U 形坡口尺寸

（2）设备准备

序号	名称	规格	数量	备注
1	气刨电源	ZX5-500	1 台	鉴定站准备
2	空压机		1 台	鉴定站准备
3	气刨专用平台（架）		1 个	鉴定站准备

（3）工具、量具准备

序号	名称	规格	数量	备注
1	碳弧气刨枪		1 把/人	鉴定站准备
2	碳棒	ϕ7 mm	不少于 1 盒	鉴定站准备
3	磨光机		1 台	鉴定站准备
4	护目镜	自定	1 副	考生准备
5	耳塞		1 副	考生准备

3. 考核时限

（1）基本时间

准备时间 5 min；正式操作时间 30 min（不包括准备时间）。

（2）时间允差

操作超过规定时间 5 min（包括 5 min）以内扣总分 3 分，超时 5 min 以上本题零分。

4. 评分项目及标准

评分项目	评分要点	配分比重（%）	评分标准及扣分
1. 准备工作	工具、用具准备齐全	10	自备工具少一件扣 2 分，扣完为止
2. 气刨槽表面的清理情况	刨槽及其边缘是否有铁渣、毛刺和氧化皮	15	有其中一项扣 3 分，扣完为止

续表

评分项目	评分要点	配分比重（%）	评分标准及扣分
3. 气刨槽表面质量	表面是否有加碳、粘渣、钢斑及裂纹等缺陷	20	有其中任一项扣5分，扣完为止
4. 气刨槽尺寸和形状质量	宽度允许差不大于2 mm	10	超标2 mm扣5分，超标大于2 mm扣10分
	深度允许差不大于2 mm	10	超标1 mm扣5分，超标大于1 mm扣10分
	中心的偏移不大于2 mm	10	超标1 mm扣5分，超标大于2 mm扣10分
5. 上缘熔化程度	是否产生塌角及形成间断或连续性的熔滴及熔化条状物	15	上缘有圆角，塌边宽度不大于1.0 mm，扣3分；上缘有明显圆角，塌边宽度不大于1.5 mm，棱角边缘有熔融金属，扣5分；上缘有圆角，塌边宽度不大于2.5 mm，棱角边缘有连续熔融金属，扣8分
6. 气刨槽表面粗糙度	割面粗糙度不大于0.3 mm	10	粗糙度大于0.3 mm不得分
7. 安全文明生产	严格按操作规程操作		违反操作规程一项从总分中扣除5分；严重违规停止操作，成绩记零分
8. 考试时限	在规定时间内完成		超过规定时间5 min（包括5 min）以内扣总分3分，超时5 min以上本题零分
合计		100	

第3部分　模拟试卷

初级焊工理论知识考试模拟试卷

一、判断题（下列判断正确的请在括号中打“√”，错误的请在括号内打“×”，每题1分，共20分）

1. 角向磨光机主要是用来打磨小直径管道内侧坡口的电动工具。（　　）

2. 定位焊缝一般不允许定位在管径截面相当于“时钟6点”的位置。（　　）

3. 直流弧焊机的主要优点是成本低、制造维护简单；缺点是不能适应碱性焊条。（　　）

4. 焊接时为了看清熔池，应尽量采用长弧焊接。（　　）

5. CO_2气体保护焊在平焊位置焊接中、厚板时，可以采用直径大于1.6 mm焊丝。（　　）

6. CO_2气体流量的大小，应根据焊接电流、电弧电压、焊接速度等因素来选择。如果流量小则容易产生气孔。（　　）

7. 钨极氩弧焊引弧通常采用高频振荡器和高压脉冲接触引弧。（　　）

8. 钨极氩弧焊填丝时，焊丝和焊件表面夹角30°左右，敏捷地从熔池前沿点进，随后撤回，如此反复。（　　）

9. 由于熔深大，埋弧焊时必须开坡口，增加焊缝中焊丝的填充量。（　　）

10. 埋弧焊衬垫的作用在于将熔化的金属托住，防止其流失，并使焊缝的底部也得到圆滑过渡的良好成形。（　　）

11. 氧与乙炔的混合比例为1.1～1.2时，燃烧所形成的火焰成为中性焰。（　　）

12. 液化石油气的安全性比乙炔高。（　　）

13. 对异种金属进行钎焊时，加热火焰应偏向热导率较小的零件。（　　）

14. 钎焊时如果温度过高，易造成钎料流失。（　　）

15. 根据通电和工件运动方式的不同，可将缝焊分为连续缝焊、断续缝焊和步进缝焊三

种基本类型。（　　）

16. 不等厚度材料点焊时，熔核向薄件偏移。（　　）

17. T形及蜂窝结构不可进行扩散连接。（　　）

18. 钢筋电渣压力焊过程，钢筋端部不熔化。（　　）

19. 预热火焰的作用是把金属割件加热，并始终保持能达氧气流中燃烧的温度，同时使钢材表面上的氧化皮剥落和熔化。（　　）

20. 随着割件厚度的增加，选择的割嘴号码也应该增大。（　　）

二、单项选择题（下列每题有4个选项，其中只有1个是正确的，请将其代号填写在横线空白处，每题1分，共80分）

1. 二次回路的焊接电缆长度为30 m，焊接电流为300 A，则电缆的截面面积应为________。

A. 35 mm^2　　B. 50 mm^2

C. 60 mm^2　　D. 85 mm^2

2. 按照新的国家标准，氧气管为________色。

A. 黑　　B. 红

C. 蓝　　D. 绿

3. 电焊时，如果焊接电流为80～200 A，则滤光玻璃色号为________。

A. 5～7　　B. 6～8

C. 8～10　　D. 11～12

4. 用于紧固装配零件的是________。

A. 夹紧工具　　B. 压紧工具

C. 拉紧工具　　D. 撑具

5. 焊接场地应有足够的作业面积，一般不小于________。

A. 2 m^2　　B. 4 m^2

C. 6 m^2　　D. 8 m^2

6. 开坡口是为了________。

A. 根部焊透　　B. 电弧能深入焊缝根部

C. 便于清除熔渣　　D. 以上都是

7. 焊前在接头根部之间预留的空隙叫根部间隙，用________表示。

A. α　　B. β

C. b　　D. p

8. 电焊钳规格是由弧焊电源的________大小决定。

A. 实际焊接电流　　B. 最大的焊接电流

C. 额定焊接电流　　D. 短路电流

9. 焊条电弧焊时，电源的种类根据焊条的性质进行选择。通常，酸性焊条可采用电源。

A. 交流　　B. 直流

C. 交、直流　　D. 整流

10. 平角焊电流比平焊电流大________。

A. 5%～10%　　B. 10%～15%

C. 15%～20%　　D. 20%～25%

11. 碱性焊条选用的焊接电流比酸性焊条小________左右。

A. 5%　　B. 10%

C. 15%　　D. 20%

12. 一般情况下，使用行灯照明时，其电压不应超过________。

A. 2.5 V　　B. 12 V

C. 36 V　　D. 48 V

13. 电焊设备的安装、维修必须由________执行。

A. 安装工　　B. 持证电工

C. 维修工　　D. 电焊工

14. T形接头的焊接变形主要是________。

A. 角变形　　B. 弯曲变形

C. 纵向缩短　　D. 扭曲变形

15. 尺寸为300 mm×150 mm×8 mm的试件两块，组成T形接头。盖面焊时采用形运条。

A. 直线　　B. 圆圈

C. 三角　　D. 斜圆圈

16. 碱性焊条的烘干温度通常为________。

A. 75～150℃　　B. 250～300℃

C. 350～400℃　　D. 450～500℃

17. CO_2 气体保护焊的缺点是________。

A. 成本高　　B. 操作复杂

C. 飞溅大　　D. 焊接变形大

18. CO_2气体保护焊焊丝伸出长度在________范围内。

A. 5～10 mm　　B. 10～20 mm

C. 20～25 mm　　D. 0～5 mm

19. CO_2气体流量的大小的选择不包括________。

A. 焊接电流　　B. 电弧电压

C. 焊接速度　　D. 焊件厚度

20. CO_2气体保护焊时，CO_2气体的纯度应不低于________。

A. 97.5%　　B. 98.5%

C. 99%　　D. 99.5%

21. CO_2气体保护焊用焊丝都含有较高的________。

A. 碳　　B. 铬

C. 镍　　D. 锰和硅

22. 药芯焊丝CO_2焊熔滴过渡形式是________过渡。

A. 短路　　B. 颗粒状

C. 射流　　D. 旋转射流

23. CO_2气体保护焊角焊缝时，焊角小于________时，可以用单道焊完成。

A. 4～5 mm　　B. 1～2 mm

C. 2～3 mm　　D. 7～8 mm

24. 钨极电弧非常稳定，即使在很小的电流情况下（如________）仍可稳定燃烧，所以特别适于薄板焊接。

A. 10 A　　B. 20 A

C. 30 A　　D. 15 A

25. 氩弧焊电弧稳定，且填充焊丝不通过电流，故不会产生________，焊缝成形美观，焊后不用清渣。

A. 气孔　　B. 飞溅

C. 夹渣　　D. 未熔合

26. 氩弧焊焊接铝、镁及其合金时，宜采用________电源。

A. 直流正接　　B. 交流

C. 直流反接　　D. 脉冲

27. 采用直流钨极氩弧焊时，一般将钨极磨成________。

A. 圆柱形　　B. 纯锥形（大于90°）

C. 尖锥形（约20°）　　D. 平顶的锥形

28. 氩弧焊前必须清理填充焊丝及工件坡口和坡口两侧表面至少________范围内的污

染物。

A. 10 mm　　B. 20 mm

C. 30 mm　　D. 40 mm

29. 手工钨极氩弧焊用的钨极是________极。

A. 纯钨　　B. 铈钨

C. 钍钨　　D. 锆钨

30. 手工氩弧焊焊枪的作用不包括________。

A. 夹持钨极　　B. 传导焊接电流

C. 输出保护气体　　D. 启闭气路

31. 某一手工氩弧焊焊枪的型号为"QQ-85/100"，其中"100"表示的含义是________。

A. 额定焊接电流　　B. 出气角度

C. 额定功率　　D. 额定电压

32. 埋弧焊是以________作为热源的机械化焊接方法。

A. 电弧　　B. 电子束

C. 激光　　D. 火炉

33. 焊剂的作用不包括________。

A. 保护电弧和熔池　　B. 冶金处理

C. 掺合金　　D. 填充金属

34. 埋弧焊适用于________位置焊接。

A. 平焊　　B. 横焊

C. 全　　D. 平焊和横焊

35. 埋弧焊电流小于________时，电弧稳定性不好，不适合焊接薄板。

A. 60 A　　B. 80 A

C. 90 A　　D. 100 A

36. 埋弧自动焊前，先把焊剂铺撒在焊缝上________厚。

A. 1～2 mm　　B. 5～10 mm

C. 10～20 mm　　D. 40～60 mm

37. 埋弧自动焊的优点不包括________。

A. 生产效率高　　B. 可短焊缝焊接

C. 焊接质量好　　D. 劳动条件好

38. 多丝埋弧焊应用于________的焊接。

A. 常规对接、角接　　B. 高生产率对接、角接

C. 螺旋焊管等对接　　D. 耐磨耐蚀合金堆焊

39. H1Cr17 是________焊丝。

A. 低合金钢　　B. 低合金高强钢

C. 不锈钢　　D. 低碳钢

40. 埋弧焊时焊缝质量最差的部位常出现在________。

A. 引弧处　　B. 熄弧处

C. 接头处　　D. 填充层

41. 火焰能率的物理意义是表示________可燃气体提供的能量。

A. 单位时间内　　B. 单位体积内

C. 单位数量内　　D. 单位重量内

42. 发生烧穿的主要原因可能是________。

A. 气焊火焰太小　　B. 气焊速度过快

C. 气焊速度过慢　　D. 焊接电流太小

43. 气焊时，按焊炬移动方向分类的右焊法________。

A. 焊炬从左向右焊　　B. 焊炬从右向左焊

C. 焊缝冷却较快　　D. 适用于焊薄板

44. 垂直固定管的对接焊缝包括了________等焊接位置。

A. 平焊、立焊和仰焊　　B. 平焊、立焊和横焊

C. 平焊、横焊和仰焊　　D. 横焊

45. 气焊时要根据焊接________来选择焊接火焰的类型。

A. 焊丝材料　　B. 母材材料

C. 焊剂材料　　D. 气体材料

46. 乙炔气体的性质不包括________。

A. 乙炔与空气混合点燃有可能爆炸

B. 乙炔是一种可燃气体

C. 乙炔燃烧产生大量的热

D. 乙炔与空气混合一定会爆炸

47. 溶解乙炔瓶的容量为 40 L，能溶解乙炔________。

A. 6～7 kg　　B. 8～10 kg

C. 10～12 kg　　D. 12～14 kg

48. 低碳钢的气压焊，一般采用________火焰。

A. 中性　　B. 氧化
C. 碳化　　D. 还原

49. 对于厚大焊件，应用________进行焊接。
A. 大火焰能率、高速度　　B. 大火焰能率、低速度
C. 小火焰能率、高速度　　D. 小火焰能率、低速度

50. 在焊接火焰中，________应用较广，可用于焊接合金钢、高合金钢、铝及铝合金。
A. 碳化焰　　B. 轻微碳化焰
C. 氧化焰　　D. 中性焰

51. 钎焊焊接时，利用________钎料润湿母材。
A. 气态　　B. 液态
C. 固态　　D. 胶体

52. 钎焊时，液态钎料与母材金属的润湿和附着能力称为________。
A. 毛细作用　　B. 润湿性
C. 结合性　　D. 熔合性

53. 钎焊厚薄不同的焊件时，预热火焰应指向________。
A. 厚件　　B. 薄件
C. 中间　　D. 中间和薄件

54. 钎焊过程中，母材与熔化的钎料之间的扩散过程是________扩散。
A. 只有母材向液态钎料　　B. 只有液态钎料向母材中
C. 钎料与母材相互溶解　　D. 母材之间相互

55. 钎焊时钎料漫流性不好会导致________。
A. 焊缝成形不良　　B. 气孔
C. 夹渣　　D. 裂纹

56. 钎焊过程中裂纹产生的原因是________。
A. 冷却时零件移动　　B. 钎料结晶间隔大
C. 热膨胀系数的差别　　D. 钎剂数量不足

57. 在工件的贴合面上预先加工出一个或多个凸点，使其与另一焊件表面接触并通电加热，然后变形熔化成熔点的焊接方法为________。
A. 点焊　　B. 凸焊
C. 缝焊　　D. 电阻对焊

58. 电阻凸焊时，电极压力过小会引起________。
A. 过早的压溃凸点　　B. 电流密度过大

C. 飞溅　　D. 接头强度降低

59. 点焊不同厚度钢板的主要困难是________。

A. 分流太大　　B. 产生缩孔

C. 熔核偏移　　D. 容易错位

60. 铝合金采用的工艺参数为________。

A. 短时间、小电流　　B. 短时间、大电流

C. 长时间、大电流　　D. 长时间、小电流

61. 螺柱焊时，焊接电流主要是根据________来进行调节。

A. 伸出长度　　B. 螺柱长度

C. 螺柱直径　　D. 焊接时间

62. 电阻焊的特点是________。

A. 热影响区大　　B. 变形小，焊后无须热处理

C. 机械化程度低　　D. 设备简单，易于维修

63. 下列不属于扩散焊特点的是________。

A. 热影响区大　　B. 工件变形小

C. 一次可以焊多个接头　　D. 可焊接大断面的接头

64. 固态扩散焊在变形—接触阶段，接触面积最后达到________。

A. 80%～85%　　B. 85%～90%

C. 90%～95%　　D. 95%～100%

65. 根据工作空间所能达到的真空度，高真空焊机真空度________。

A. 0.1 Pa以上　　B. 0.1 Pa～10^{-3} Pa

C. 10^{-5}～10^{-3} Pa　　D. 小于等于10^{-5} Pa

66. 扩散焊中间层材料的作用是________。

A. 改善表面接触，从而降低对待焊表面制备质量的要求，降低所需的焊接压力

B. 改善扩散条件，加速扩散过程，从而降低焊接温度，缩短焊接时间

C. 改善冶金反应，避免或减少形成脆性金属间化合物和不希望有的共晶组织

D. 以上都可能是

67. 低碳钢板扩散焊的焊接温度约为________。

A. 600℃　　B. 900℃

C. 1 200℃　　D. 1 500℃

68. 钢筋电渣压力焊是通过焊接过程产生________，熔化钢筋端部，加压完成连接的一种压焊方法。

A. 电弧热和电阻热　　B. 电阻热

C. 电弧热　　D. 以上都不对

69. 钢筋电渣压力焊工效高、速度快。每个作业组每天可焊________个接头。

A. 160～180　　B. 180～200

C. 200～220　　D. 220～240

70. 钢筋电渣压力焊在正常焊接电流下，电弧电压控制在________。

A. 40～45 V　　B. 45～50 V

C. 20～27 V　　D. 22～27 V

71. 不能用氧气切割的金属是________的金属。

A. 燃点低于熔点　　B. 金属氧化物的熔点低于金属的熔点

C. 导热性不好　　D. 燃烧时是吸热反应

72. 在气割结束时，应依次关闭________。

A. 高压氧、乙炔、预热氧　　B. 高压氧、预热氧、乙炔

C. 乙炔、高压氧、预热氧　　D. 乙炔、预热氧、高压氧

73. 氧气瓶内有水被冻结时，应关闭阀门，________。

A. 用火焰烘烤使之解冻　　B. 用热水缓慢加热解冻

C. 对使用无影响　　D. 自然解冻

74. 减压器具有________两个作用。

A. 减压和增压　　B. 增压和稳压

C. 减压和稳压　　D. 稳压和调压

75、在进行气割之前所做的准备工作中不包括________。

A. 检查场地的安全性　　B. 将割件放在水泥地面上

C. 除去割件表面杂质　　D. 检查乙炔瓶、割炬

76. 金属的气割过程实质是金属在________。

A. 纯氧中的燃烧过程　　B. 氧气中的燃烧过程

C. 纯氧中的熔化过程　　D. 氧气中的熔化过程

77. 可用氧气切割的金属材料有________。

A. 铬镍不锈钢　　B. 铝及其合金

C. 高碳钢　　D. 低碳钢

78. 碳弧气刨应采用________焊机。

A. 具有陡降特性的交流　　B. 具有陡降特性的直流

C. 具有水平特性的交流　　D. 具有水平特性的直流

79. 碳弧气刨时碳棒直径是根据被刨削金属________来选择的。

A. 长度　　B. 大小

C. 厚度　　D. 材质

80. 碳弧气刨电流过大时，会引起严重的________现象。

A. 夹碳　　B. 断弧

C. 软化　　D. 渗碳

初级焊工理论知识考试模拟试卷参考答案

一、判断题

1. ×	2. √	3. ×	4. ×	5. √	6. √	7. ×	8. ×	9. ×
10. √	11. √	12. √	13. ×	14. √	15. √	16. ×	17. ×	18. ×
19. √	20. √							

二、单项选择题

1. B	2. A	3. C	4. A	5. B	6. D	7. C	8. C	9. C
10. B	11. B	12. C	13. B	14. A	15. D	16. C	17. C	18. B
19. D	20. D	21. D	22. B	23. D	24. A	25. B	26. B	27. D
28. B	29. B	30. D	31. A	32. A	33. D	34. D	35. D	36. D
37. B	38. C	39. C	40. A	41. A	42. C	43. A	44. D	45. B
46. D	47. A	48. A	49. B	50. B	51. B	52. B	53. A	54. C
55. A	56. D	57. B	58. C	59. C	60. B	61. C	62. B	63. A
64. C	65. C	66. D	67. B	68. A	69. B	70. A	71. D	72. A
73. B	74. C	75. B	76. A	77. D	78. B	79. C	80. D	

初级焊工操作技能考核模拟试卷

实际操作题（每题 50 分，共 100 分）

【题目 1】 厚度 $\delta=12$ mm 的低碳钢板对接接头焊条电弧焊

1. 考核要求

（1）必须穿戴劳动保护用品。

（2）试件坡口形式：V 形。

（3）焊前将试件坡口及两侧 20 mm 范围内的铁锈、油污、氧化物等清理干净，使其露出金属光泽。

（4）间隙自定。

（5）定位焊在试件背面两端 10 mm 范围内。定位焊时允许采用反变形。

（6）单面焊双面成形。

（7）焊接位置为平焊（1 G）。

（8）定位装配后，将装配好的试件固定在操作架上；试件一经施焊不得改变焊接位置。

（9）焊接完毕，关闭电焊机，焊缝表面清理干净，并保持焊缝原始状态，不允许补焊、返修及修磨。场地清理干净，工具摆放整齐。

（10）符合安全，文明生产。

2. 准备工作

（1）材料准备

序号	名称	规格	数量	备注
1	Q235	300 mm×150 mm×12 mm	2 件/人	坡口面角度 32°±2°，板厚允许在不小于 6 mm 范围内选取，并相应改变焊接材料用量
2	E4303 焊条	ϕ3.2 mm、ϕ4 mm	各 10 根/人	焊条可在 100～150℃ 范围内烘干，保温 1～1.5 h

试件形状及尺寸：

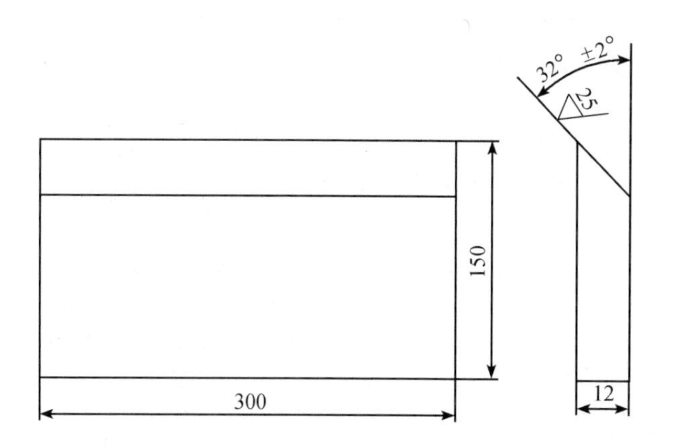

（2）设备准备

序号	名称	规格	数量	备注
1	交流或直流焊机	根据实际情况确定	1 台/工位	鉴定站准备
2	焊条烘干箱	根据实际情况确定	2 台/鉴定站	鉴定站准备
3	焊条保温筒	根据实际情况确定	1 个/工位	鉴定站准备

（3）工具、量具准备

序号	名称	规格	数量	备注
1	焊接检验尺	HJC—40	不少于 3 把	鉴定站准备
2	钢直尺	根据实际情况确定	不少于 3 把	鉴定站准备
3	放大镜	5 倍	不少于 3 把	鉴定站准备
4	钢印		2 套	鉴定站准备
5	电焊面罩	自定	1 个	考生准备
6	电焊手套	自定	1 副	考生准备
7	锉刀	自定	1 把	考生准备
8	敲渣锤	自定	1 把	考生准备
9	錾子	自定	1 把	考生准备
10	钢丝刷	自定	1 把	考生准备
11	角向磨光机	自定	1 台	考生准备

3. 考核时限

（1）基本时间

准备时间 25 min；正式操作时间 45 min（不包括组对时间）。

（2）时间允差

操作超过规定时间 5 min（包括 5 min）以内扣总分 3 分，超时 5 min 以上本题零分。

4. 评分项目及标准

评分项目	评分要点	配分比重（%）	评分标准及扣分
1. 准备工作	工具、用具准备齐全	10	自备工具少一件扣2分，扣完为止
2. 焊缝外观	焊缝表面不允许有焊瘤、气孔、夹渣等缺陷	5	出现任何一种缺陷不得分
	焊缝咬边深度不大于0.5 mm，两侧咬边总长度不超过焊缝有效长度的10%	5	焊缝咬边深度不大于0.5 mm，累计长度每5 mm扣1分；累计长度超过焊缝有效长度的10%不得分；咬边深度大于0.5 mm不得分
	背面凹坑深度小于等于20%δ且小于等于2 mm，累计长度不超过焊缝有效长度的10%	5	深度小于等于20%δ且小于等于2 mm时，每10 mm长度扣1分；累计长度超过焊缝有效长度的10%时，不得分；深度大于2 mm时，不得分
	焊缝余高0～3 mm，余高差不大于2 mm，焊缝宽度比坡口每侧增宽0.5～2.5 mm，宽度差不大于3 mm	5	每种尺寸超标一处扣1分，扣完为止
	背面焊缝余高不大于3 mm	5	超标不得分
	错边小于等于10%δ且小于等于2 mm	5	超标不得分
	焊后角变形不大于3°	5	超标不得分
	外观成形美观，焊纹均匀、细密、高低宽窄一致	5	焊缝平整，焊纹不均匀，扣2分；外观成形一般，焊缝平直，局部高低宽窄不一致，扣3分；焊缝弯曲，高低宽窄明显不一致，有表面焊接缺陷，不得分
3. 内部质量	X射线探伤检验	40	Ⅰ级片不扣分；Ⅱ级片扣7分；Ⅲ级片扣15分；Ⅲ级片以下不得分
4. 否定项	焊缝出现裂纹、未熔合、烧穿缺陷；焊接操作时，随意改变试件操作位置；焊缝原始表面被破坏；超时5 min		出现任何一项，按零分处理
5. 安全文明生产	严格按操作规程操作	10	劳保用品穿戴不全，扣2分；焊接过程中有违反操作规程的现象，根据情况扣2～5分；焊接完毕，场地清理不干净，工具码放不整齐，扣3分
合计		100	

【题目2】Q345R的手工气割

1. 考核要求

（1）必须穿戴劳动保护用品。

（2）必备的工具、用具准备齐全。

（3）将待割处的油污、铁锈清理干净。

（4）按操作规程操作。

（5）严格按规定位置进行气割，不得随意更改。

（6）切割位置准确，切割尺寸达到受检尺寸。

（7）割口垂直，不偏斜，无明显挂渣、塌角，割纹均匀。

（8）气割结束后，气割表面要清理干净，并保持割缝原始状态。

（9）操作过程符合安全文明生产要求。

2. 准备工作

（1）材料准备

序号	名称	规格	数量	备注
1	Q345R 钢板	300 mm×100 mm×12 mm	1 块	由鉴定站准备

试件形状及尺寸：

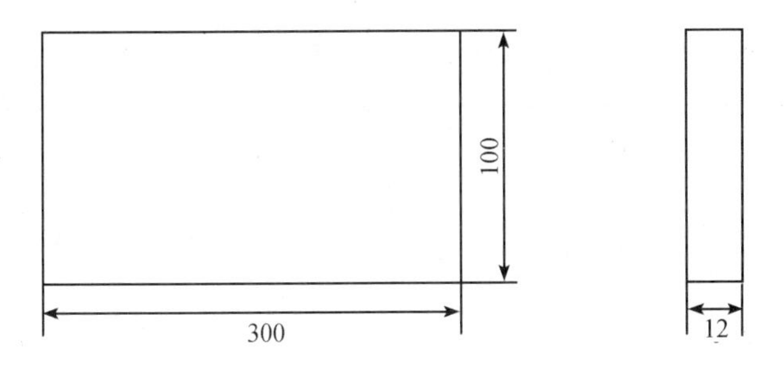

（2）设备准备

序号	名称	规格	数量	备注
1	氧气瓶、乙炔瓶		各 1 个	鉴定站准备
2	氧气胶管、乙炔胶管		各 1 根	鉴定站准备
3	氧气减压器、乙炔减压器	QD-1 型、QD-20 型	各 1 个	鉴定站准备
4	切割专用平台（架）		1 个	鉴定站准备

（3）工具、量具准备

序号	名称	规格	数量	备注
1	射吸式割炬	G01-30 型 1 号割嘴	1 把/人	鉴定站准备
2	钢丝钳	200 mm	不少于 2 把	鉴定站准备
3	锤子		不少于 2 把	鉴定站准备
4	焊接检验尺		不少于 3 把	鉴定站准备

续表

序号	名称	规格	数量	备注
5	护目镜	自定	1 副	考生准备
6	通针		1 根	考生准备
7	活动扳手	250 mm	1 把	考生准备
8	钢直尺	0～500 mm	1 把	考生准备
9	样冲		1 个	考生准备
10	石笔		1 支	考生准备

3. 考核时限

（1）基本时间

准备时间 5 min；正式操作时间 30 min（不包括准备时间）。

（2）时间允差

操作超过规定时间 5 min（包括 5 min）以内扣总分 3 分，超时 5 min 以上本题零分。

序号	评分项目	评分要点	配分比重（%）	评分标准及扣分
1	准备工作	工具、用具准备齐全	10	自备工具少一件扣 5 分
2	割透状态	要求一次割透	20	气割次数每增加一次扣 5 分；气割次数超过 3 次不得分
3	试件下料尺寸精度	保证割件尺寸	20	每超差 1 mm 扣 5 分；超差 2 mm 扣 10 分；超差 3 mm 不得分
4	切割面质量	割面平面度不大于 0.6 mm	10	平面度大于 0.6 mm 扣 5 分；平面度大于 1.2 mm 不得分
		割面粗糙度不大于 0.3 mm	10	粗糙度大于 0.3 mm 不得分
		允许有条状挂渣，可铲除	10	挂渣较难清除，清除后留有残迹不得分
		上缘塌边宽度不大于 1 mm	10	上缘塌边宽度大于 2 mm 小于等于 3 mm 扣 5 分；上缘塌边宽度大于 2 mm 不得分
		直线度误差不大于 2 mm，垂直度不大于 0.3 mm	10	直线度误差大于 2 mm 小于等于 3 mm 扣 5 分；直线度误差大于 3 mm 不得分；垂直度大于 0.3 mm 不得分

续表

序号	评分项目	评分要点	配分比重（%）	评分标准及扣分
5	否定项	回火烧毁割嘴；焊缝原始表面破坏		出现任何一处，按零分处理
6	安全文明生产	严格按操作规程操作		违反操作规程一项从总分中扣除 5 分；严重违规停止操作，成绩记零分
7	考试时限	在规定时间内完成		超时停止操作
合计			100